Mohamed Ali Tabarki
Rafâa Besbes

Chimie des hétérocycles: Réactions d'expansion de cycles

Mohamed Ali Tabarki
Rafâa Besbes

Chimie des hétérocycles: Réactions d'expansion de cycles

Synthèse de composés hétérocycliques: Vecteur d'application de produits biologiquement actifs

Presses Académiques Francophones

Imprint
Any brand names and product names mentioned in this book are subject to trademark, brand or patent protection and are trademarks or registered trademarks of their respective holders. The use of brand names, product names, common names, trade names, product descriptions etc. even without a particular marking in this work is in no way to be construed to mean that such names may be regarded as unrestricted in respect of trademark and brand protection legislation and could thus be used by anyone.

Cover image: www.ingimage.com

Publisher:
Presses Académiques Francophones
is a trademark of
International Book Market Service Ltd., member of OmniScriptum Publishing Group
17 Meldrum Street, Beau Bassin 71504, Mauritius

Printed at: see last page
ISBN: 978-3-8416-3624-9

Zugl. / Agréé par: Tunisie, Université el Manar, 2015

Copyright © Mohamed Ali Tabarki, Rafâa Besbes
Copyright © 2015 International Book Market Service Ltd., member of OmniScriptum Publishing Group
All rights reserved. Beau Bassin 2015

Sommaire

Introduction générale — 1

Chapitre 1 : Synthèse d'isoxazolidin-5-ones — 2

I.1. Introduction — 2
I.2. Applications et propriétés biologiques des isoxazolidin-5-ones — 3
I.3. Aperçu bibliographique sur la synthèse des isoxazolidin-5-ones — 4
I.3.1. Synthèse des isoxazolidin-5-ones à partir des esters α,β-insaturés — 4
I.3.2. Synthèse des isoxazolidin-5-ones à partir d'aldéhydes α,β-insaturés — 4
I.3.3. Synthèse des isoxazolidin-5-ones à partir de lactones α,β-insaturées — 5
I.3.4. Synthèse d'isoxazolidin-5-ones à partir d'un dérivé de β-chloroalanine — 6
I.3.5. Synthèse d'isoxazolidin-5-ones à partir de nitrones — 6
I.3.6. Synthèse d'isoxazolidin-5-ones à partir d'azétidinones — 7
I.3.7. Synthèse d'isoxazolidin-5-ones à partir de pyrazolidinones — 8
I.4. Aperçu bibliographique sur la réaction des hydroxylamines sur les époxydes — 8
I.5. Travail personnel et discussion — 9
I.5.1. Préparation des *trans*-β-arylglycidates d'éthyle — 10
I.5.2. Synthèse des isoxazolidin-5-ones — 12
I.6. Conclusion — 16
I.7. Partie expériementale — 17
I.7.1. Préparation des β-arylglycidates d'éthyle — 18
I.7.2. Préparation des 4-hydroxyisoxazolidin-5-ones — 20
Références bibliographiques — 23

*Chapitre 2 : Synthèse de 4-hydroxy et
de 4-alkylaminoisoxazolidin-3-ones*

II.1. Préparation de *trans*-aziridine-2-carboxylates — 26
II.1.1. Introduction — 26
II.1.2. Aperçu bibliographique sur la synthèse des aziridine-2-carboxylates — 27
II.1.2.1. Synthèse d'aziridines à partir d'un dérivé d'imines — 27
II.1.2.2. Synthèse d'aziridines à partir d'esters α,β-insaturés — 27
II.1.2.3. Synthèse d'aziridines à partir d'époxydes — 28
II.1.2.4. Synthèse d'aziridines à partir d'aminoalcools — 29

II.1.3 Aperçu bibliographique sur la réaction d'ouverture des aziridines par des hydroxylamines	30
II.1.4. Travaux réalisés au laboratoire	30
II.1.5. Travail personnel et discussion	31
II.2. Synthèse des 4-hydroxy- et des 4-alkylaminoisoxazolidin-3-ones	34
II.2.1. Introduction	34
II.2.2. Applications et propriétés biologiques des isoxazolidin-3-ones	34
II.2.3. Aperçu bibliographique sur la synthèse des isoxazolidin-3-ones	35
II.2.3.1. Synthèse à partir d'un acide carboxylique β-bromés	36
II.2.3.2. Synthèse à partir de 3- nitroisoxazolines	36
II.2.3.3. Synthèse à partir d'un alcène cyclique	36
II.2.3.4. Synthèse à partir d'une dicétène	37
II.2.3.5. Synthèse à partir d'un hydroxyaminoester	37
II.3. Travail personnel et discussion	
II.3.1. Synthèse des isoxazolidin-3-ones à partir des β-arylglycidates d'éthyle et des aziridine-2-carboxylates	40
II.3.2. Essai d'ouverture et d'expansion du cycle aziridinique par la méthylhydroxylamine	46
II.4. Conclusion	48
II.5. Partie expérimentale	49
II.5.1. Préparation des aziridine-2-carboxylates	49
II.5.2. Préparation des 4-hydroxyisoxazolidin-3-ones	54
II.5.3. Préparation des 4-alkylaminoisoxazolidin-3-ones	57
Références bibliographiques	63

Chapitre 3 : Synthèse d'imidazolidin-2-ones et d'oxazolidin-2-imines

III.1. Introduction	66
III.2. Applications et propriétés biologique des imidazolidin-2-ones	66
III.3. Aperçu bibliographique sur la synthèse des imidazolidin-2-ones et des oxazolidin-2-imines	70
III.3.1. Aperçu bibliographique sur la synthèse des imidazolidin-2-ones	70
III.3.1.1. Synthèse à partir de diamines vicinales	70
III.3.1.2. Synthèse à partir d'urées acycliques	71
III.3.1.3. Synthèse à partir des dérivés d'oxazoline	71
III.3.1.4. Synthèse à partir du chlorure d'imidazole	72

III.3.1.5. Synthèse à partir d'aminoesters	72
III.3.2. Aperçu bibliographique sur la synthèse des oxazolidin-2-imines	72
III.3.2.1. Synthèse à partir d'époxydes	72
III.3.2.2. Synthèse à partir d'aminoalcools	74
III.3.3. Synthèse conjointe d'imidazolidin-2-ones et d'oxazolidin-2-imines	75
III.3.3.1. Synthèse à partir d'amines propargyliques	75
III.3.3.2. Synthèse à partir d'aziridines	76
III.4. Travail personnel et discussion	78
III.5. Conclusion	89
III.6. Partie expérimentale	90
III.6.1. Préparation des imidazolidin-2-ones	90
III.6.2. Préparation des oxazolidin-2-imines	95
Références bibliographiques	99
Conclusion générale	102

Introduction générale

La chimie des hétérocycles est très répandue en synthèse organique. Elle concerne de nombreux domaines comme la pharmacochimie, l'agrochimie, les matériaux,… . Elle s'inscrit dans le cadre d'une recherche méthodologique, visant à développer de nouvelles voies d'accès sélectives à des hétérocycles fonctionnalisés. Cette catégorie de molécules est de plus en plus valorisée avec les composés hétérocycliques hautement fonctionnalisés. En effet, l'existence et la multiplicité de groupes fonctionnels, dans ces molécules, entraine l'apparition de nouvelles propriétés biologiques.

Notre laboratoire, ayant axé ses travaux de recherche sur la synthèse et la réactivité des hétérocycles à trois chaînons, s'inscrit parfaitement dans le cadre de cette dynamique. Depuis quelques années, les chercheurs de notre laboratoire travaillent sur la mise au point de nouvelles réactions à partir des β-arylglycidates d'éthyle et de leurs dérivés les aziridine-2-carboxylates, ainsi que sur la valorisation des adduits obtenus via des transformations ultérieures. L'élargissement de la portée synthétique de ces petits hétérocycles oxygénés et azotés, que ce soit par le développement de nouveaux chemins synthétiques ou à travers des réactions d'expansion de cycle, a été au cœur de ce travail de thèse.

Ce travail s'est basé également sur des études mécanistiques, impliquées dans les diverses transformations chimiques, soutenues par des résultats spectroscopiques assez détaillés, ce qui nous a permis d'étudier convenablement la réactivité des β-arylglicidates d'éthyle et des aziridine-2-carboxylates d'éthyle vis-à-vis de divers réactifs.

Les travaux présentés dans les chapitres un et deux s'articuleront autour de la réactivité des β-arylglycidates d'éthyle et des aziridine-2-carboxylates d'éthyle vis-à-vis de réactifs binucléophiles tels que les N-alkylhydroxylamines neutres et leurs anions. Nous présenterons dans ces chapitres la mise au point de deux nouvelles méthodes de synthèse d'isoxazolidin-5-ones et d'isoxazolidin-3-ones.

Au cours du troisième chapitre, nous développeront la réaction d'expansion des aziridine-2-carboxylates en étudiant leur réactivité vis-à-vis des isocyanates N-substitués en vue d'accéder à des imidazolidin-2-ones et des oxazolidin-2-imines fonctionnalisées. Ce chapitre conduira à la présentation de la conclusion générale.

CHAPITRE 1 : Synthèse d'isoxazolidin-5-ones

I.1. Introduction

L'utilisation des époxydes comme substrats de départ dans plusieurs réactions chimiques, permet d'accéder à des produits de haute valeur ajoutée en très peu d'étapes. Ainsi, l'étude de la réactivité de ces adduits offre des perspectives très prometteuses dans les domaines synthétiques et pharmaceutiques. En effet, grâce à leur aptitude à conduire à une variété de composés fonctionnels, aussi bien cycliques qu'acycliques, les époxydes constituent des précurseurs incontestables en synthèse organique, comme en témoigne le nombre de publications[1-7] concernant les réactions de leurs ouvertures.

Le développement de nouvelles méthodologies pour la synthèse de nouvelles structures à partir des β-arylglycidates d'éthyle, compte parmi les objectifs principaux de notre équipe de recherche depuis quelques années. Dans ce contexte et afin d'enrichir davantage la gamme des composés hétérocycliques obtenus à partir de ces époxydes, nous décrirons dans ce chapitre une synthèse originale de nouvelles isoxazolidin-5-ones.

I.2. Applications et propriétés biologiques des isoxazolidin-5-ones

Depuis longtemps, les isoxazolidin-5-ones ont joué un rôle clé dans la synthèse de produits biologiquement actifs[8]. Ces produits peuvent être des agents antiviraux ou encore des anticancéreux constituant par exemple, la chaîne latérale du taxol et du taxotère[9], utilisés en chimiothérapie. Ces cibles synthétiques sont utilisées aussi comme synthons pour la synthèse des β-amino acides et des γ-lactames[10,11]. Ils ont suscité un intérêt majeur dans le domaine médical en raison de leur potentiel cytotoxique et de leurs capacités antimicrobiennes[12]. En outre, ils peuvent être utilisés pour la préparation de nucléosides analogues[13], qui servent au développement de nouveaux médicaments, efficaces contre le cancer et les infections virales et plus particulièrement celle du HIV.

D'autre part, le motif isoxazolidin-5-one est présent dans la structure de plusieurs molécules présentant un large éventail d'activités biologiques. En effet, une étude bibliographique sur ces structures avait montré que plusieurs parmi elles sont en phase clinique ou préclinique dans le traitement de diverses pathologies[14-18].

Nous citons à titre d'exemples :

✓ Les Parnafungines[14] A et B sont les premiers exemples de produits naturels isolés de la plante de Fusarium larvarum et renfermant le cycle isoxazolidin-5-one dans leurs structures. Ces molécules sont actuellement en phase clinique et présentent des propriétés antifongiques importantes. Ce sont aussi des inhibiteurs puissants des virus à ARN.

✓ La 4-Méthylidèneisoxazolidin-5-one[15,16] est un composé doté de propriétés anticancéreuses. Son action cytotoxique inhibe la croissance des cellules cancéreuses de la leucémie.

✓ Les 3-Alkyloxyisoxazolidin-5-ones[17] imitent l'action des β-lactames en inhibant les β-lactamases.

✓ La 2-Hydroxyméthyl-3,4-benzoisoxazolidin-5-one[18] est un composé ayant des propriétés antibactériennes importantes.

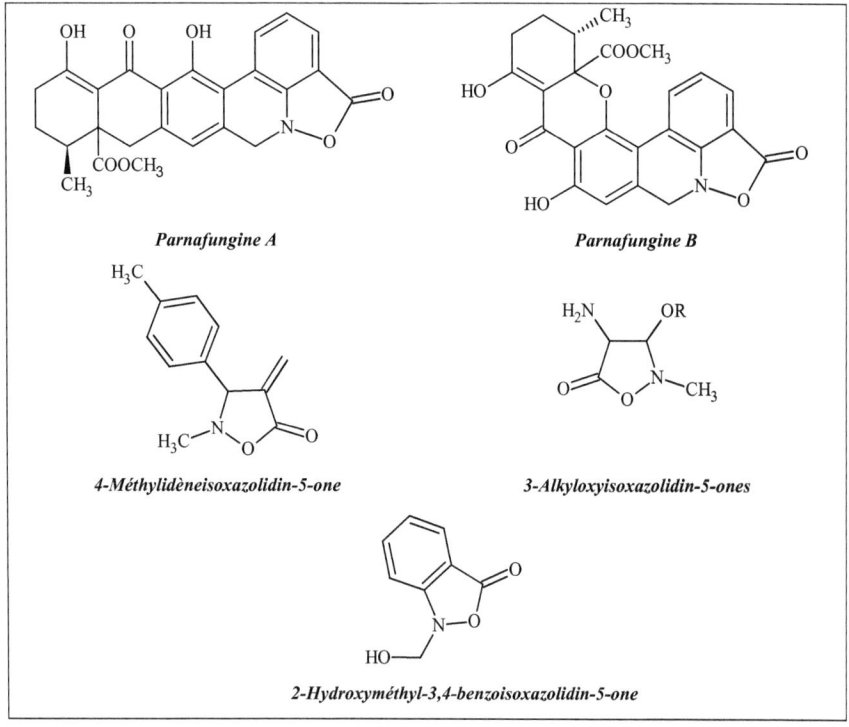

Figure I.1: Molécules naturelles et synthétiques ayant des propriétés antifongiques.

I.3. Aperçu bibliographique sur la synthèse des isoxazolidin-5-ones

Depuis longtemps, la synthèse des isoxazolidin-5-ones a fait l'objet de nombreuses publications[19-43]. Parmi les méthodes les plus courantes qui permettent de fournir ces composés, on trouve essentiellement celles qui utilisent les N-alkylhydroxylamines ou les nitrones comme réactifs. Nous présenterons dans ce qui suit quelques exemples sur les méthodes de synthèse des isoxazolidin-5-ones.

I.3.1. Synthèse des isoxazolidin-5-ones à partir d'esters α,β-insaturés

Les esters α,β-insaturés, connus pour leur grande réactivité en tant que composés électrophiles, ont été utilisés dans de nombreux processus de synthèse conduisant à une grande variété de composés azotés et oxygénés, tels que les isoxazolidinones[19,20], les aminoacides[21] et les azétidinones[22].

A titre d'exemple, nous pouvons nous référer aux travaux de Baldwin[23] qui a réalisé une addition 1,4 des N-alkylhydroxylamines sur une série d'esters α,β-insaturés. L'hydroxylamine intermédiaire a subi une cyclisation intramoléculaire en présence de la triéthylamine (Schéma I.1).

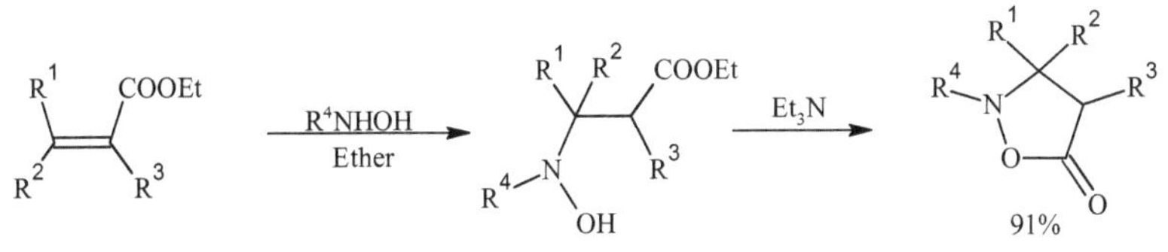

Schéma I.1

I.3.2. Synthèse des isoxazolidin-5-ones à partir d'aldéhydes α,β-insaturés

Récemment, l'équipe de Bode[24] et l'équipe de Cordova[25] ont proposé une synthèse asymétrique d'isoxazolidin-5-ones énantiomériquement pures, par l'action d'hydroxylamines N-protégées sur des aldéhydes α,β-insaturés. Les 5-hydroxyisoxazolidines intermédiaires obtenues sont ensuite oxydés en isoxazolidinones monomères, très utiles comme précurseurs de N-hydroxylamines terminales des β^3-oligopeptides (Schéma I.2).

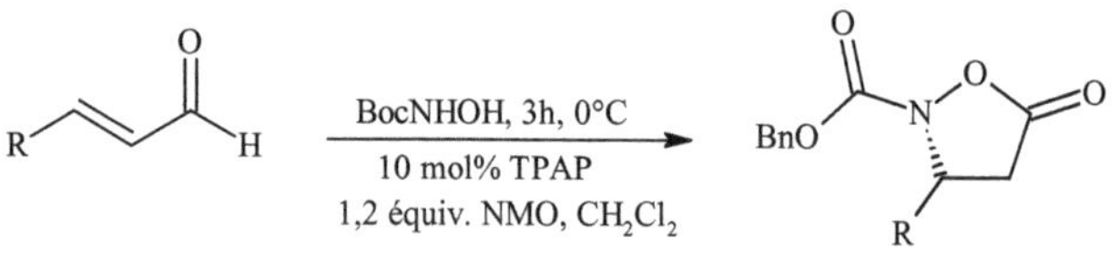

NMO: N-méthyl-morpholine N-oxide. TPAP: tetrapropylammoniumperruthenate

Schéma I.2

En 2008, l'équipe de Ying[26] a décrit une nouvelle méthode qui permet de fournir une 2,3-diphénylisoxazolidin-5-one via la formation d'une liaison C-N par réaction du cinnamaldéhyde avec le nitrosobenzène. La réaction est accélérée en présence d'un catalyseur (NHC), généré à partir de sels d'imidazolium (Schéma I.3).

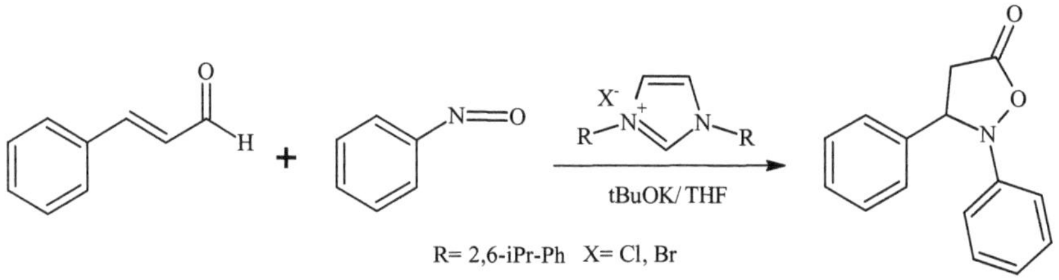

Schéma I.3

I.3.3. Synthèse des isoxazolidin-5-ones à partir de lactones α,β-insaturées

L'addition conjuguée de réactifs binucléophiles, tels que l'hydrazine simple et les hydroxylamines N-substituées sur des lactones α,β-insaturées, a été largement étudiée par l'équipe de Chmielewslai[27-29], pour accéder à des isoxazolidin-5-ones. L'un des travaux de cette équipe[29], décrit une addition-réarrangement hautement stéréosélective d'hydroxylamines N-substituées sur des sucres lactones α,β-insaturées. L'addition de Michael de l'hydroxylamine est suivie instantanément de l'ouverture de la lactone par le groupe N-hydroxy et la formation du cycle isoxazolidin-5-one (Schéma I.4).

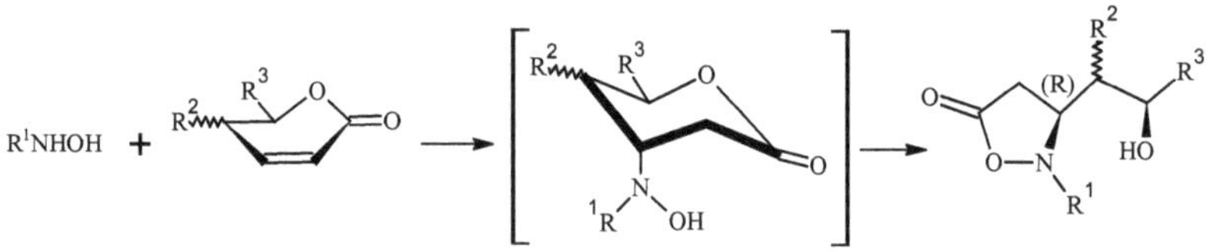

Schéma I.4

I.3.4. Synthèse d'isoxazolidin-5-ones à partir d'un dérivé de β-chloroalanine

En 1994 Baldwin[30] a décrit une réaction simple permettant de synthétiser une isoxazolidin-5-one en utilisant la N-tert-butoxycarbonyl-β-chloroamine, comme produit de départ, synthétisé à partir de la sérine. Cet acide aminé a été couplé avec la N-tert-butoxycarbonyl-hydroxylamine en présence d'un agent de couplage (EDCI), pour donner une β-chloroamine. Finalement, le composé chloré obtenu a été cyclisé avec succès en présence de NaH dans le DMF à 0° C (Schéma I.5).

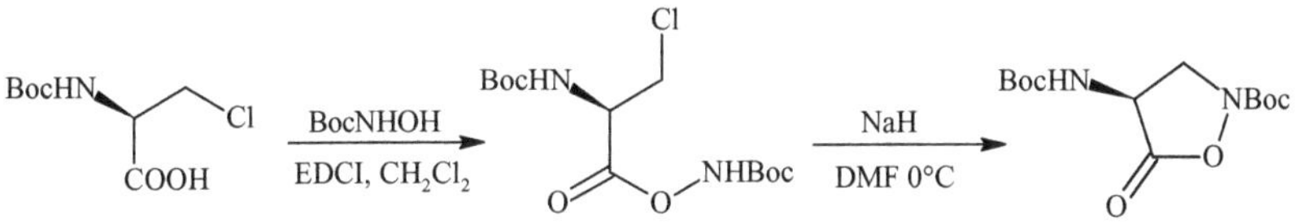

Schéma I.5

I.3.5. Synthèse d'isoxazolidin-5-ones à partir de nitrones

L'équipe de Tsuge[31] a développé une méthode de synthèse d'isoxazolidin-5-ones à partir de nitrones cycliques et du triméthylsilylacétate d'éthyle. La synthèse en question met en jeu la séquence réactionnelle suivante : Déprotonation en α de la fonction ester ⁻ Addition nucléophile sur la nitrone cyclique ⁻ Cyclisation intramoléculaire. Néanmoins, cette méthode est limitée par la formation d'un composé secondaire (Schéma I.6).

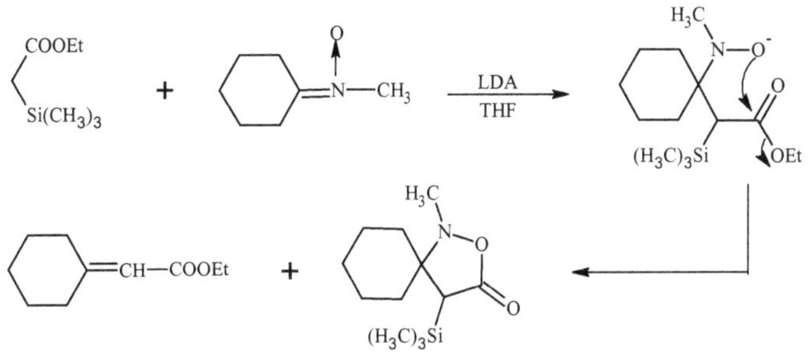

Schéma I.6

Dans le même contexte, une autre méthodologie rapportée par Shishido[32] consiste en une cycloaddition [3+2] de nitrones avec des ynolates de lithium. La réaction se déroule à basse température et conduit à la formation d'énolates d'isoxazolidinones. Après traitement avec une solution aqueuse de NaHCO₃, les isoxazolidin-5-ones correspondantes sont isolées avec une excellente diastéréosélectivité (Schéma I.7).

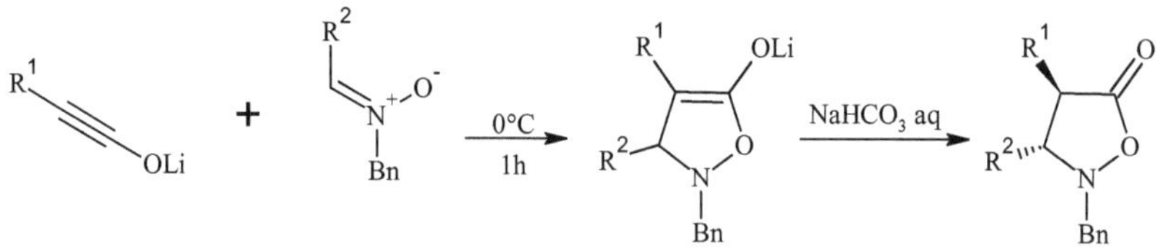

Schéma I.7

D'autre part, l'équipe de Tejero[33] a pu accéder à une isoxazolidin-5-one par la réaction d'addition de l'énolate de l'acétate de méthyle sur une nitrone chirale, en présence d'une base forte. Les auteurs ont pu optimiser la réaction en faisant varier la nature du solvant et de la base utilisée afin d'établir un protocole de synthèse hautement stéréosélectif, caractérisé par un rendement quantitatif (Schéma I.8).

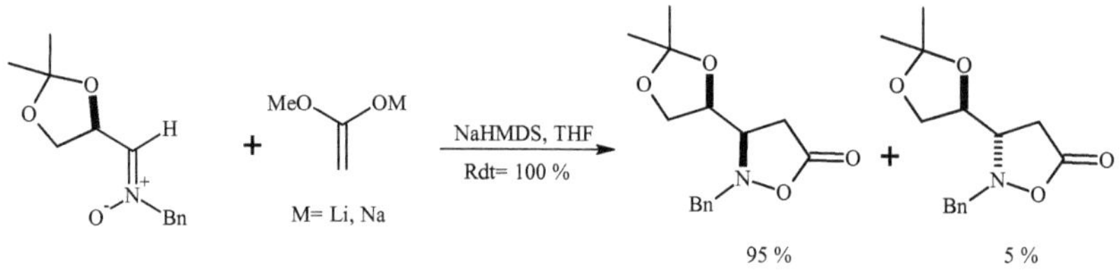

Schéma I.8

I.3.6. Synthèse d'isoxazolidin-5-ones à partir d'azétidinones

Après avoir décrit la synthèse d'isoxazolidin-5-ones à partir d'esters α,β-insaturés, Baldwin[34] a réussi, dans un travail plus récent, à réaliser un réarrangement par agrandissement de cycle d'une azétidinone en une isoxazolidin-5-one. Cette réaction est envisageable par le traitement de la 3S-azétidinone par une quantité catalytique de l'éthanethiolate de lithium (LiSEt) (3 mol %), dans le THF à 20°C (Schéma I.9).

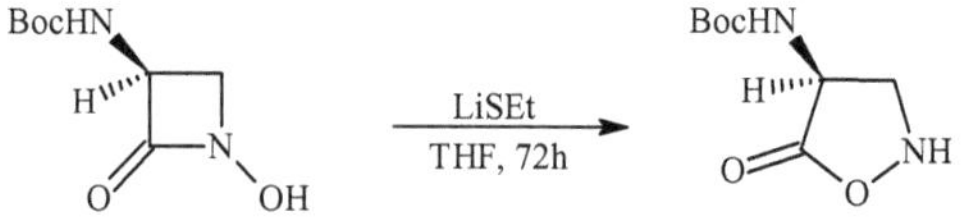

Schéma I.9

I.3.7. Synthèse d'isoxazolidin-5-ones à partir de pyrazolidinones

En 2001 Liu et coll.[35] ont décrit une méthode de synthèse d'isoxazolidin-5-ones d'une manière hautement énantiosélective. Les auteurs ont procédé par une réaction d'addition conjuguée de la N-benzylhydroxylamine sur des pyrazolidinones acrylamides en présence d'un ligand et d'un acide de Lewis tel que le Mg(ClO$_4$)$_2$. Il est à signaler que ces hétérocycles ont permis d'accéder, ultérieurement, à des aminoacides chiraux (Schéma I.10).

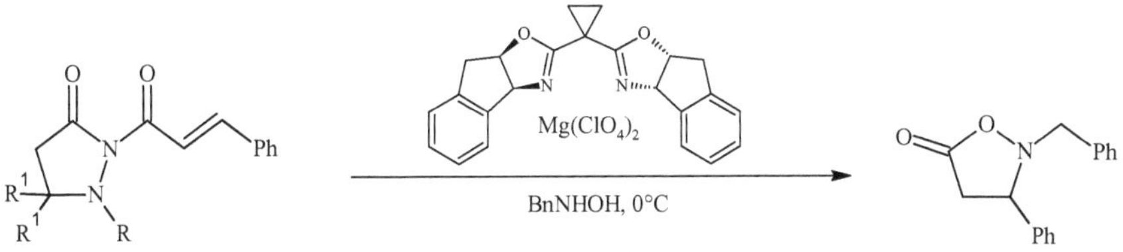

Schéma I.10

I.4. Aperçu bibliographique sur la réaction des hydroxylamines sur les époxydes

Les travaux décrits dans la littérature se rapportant aux réactions d'ouverture des époxydes par les dérivés de l'hydroxylamine, sont très peu nombreux. De plus, ces derniers décrivent généralement des réactions d'ouverture, qui donnent naissance à des composés acycliques. Nous citons à titre d'exemple, le travail de Southern et coll.[44] dans lequel une série de β-hydroxyhydroxylamines a été préparée à partir d'époxydes et d'hydroxylamines N-substituées. Les hydroxylamines ainsi synthétisées se cyclisent, au reflux du chloroforme, en 3-hydroxypipéridines N-oxides, sous la forme d'un mélange de deux diastéréoisomères (Schéma I.11).

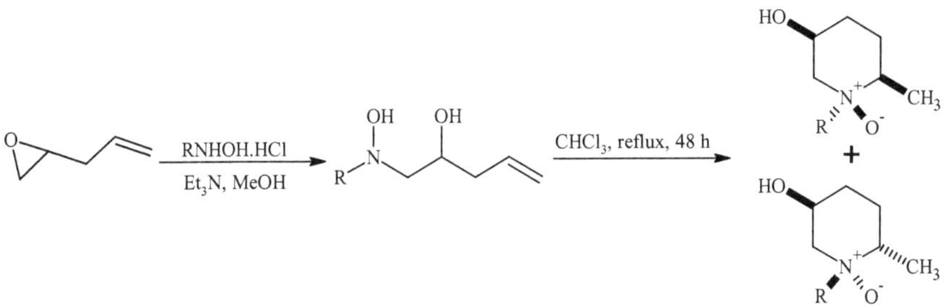

Schéma I.11

Quelques années plus tard, l'équipe de Taylor[45] a étudié la réactivité du 4-(oxiran-2-yl)-2-oxobutanoate d'éthyle vis-à-vis de l'hydroxylamine non substituée. La réaction a conduit à la formation d'un dérivé d'oxime qui s'est cyclisé en présence de K_2CO_3 en une 1,2-oxazine (Schéma I.12).

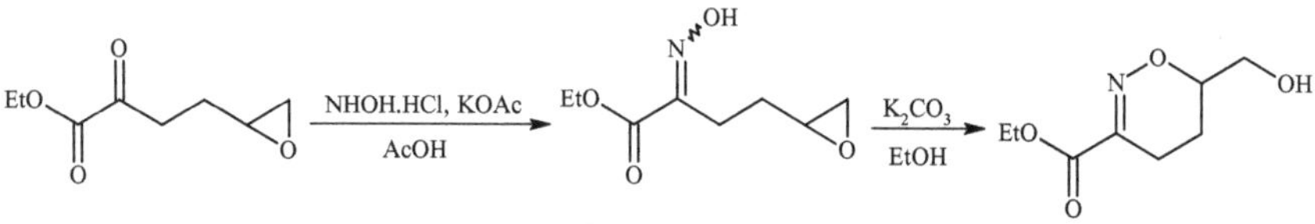

Schéma I.12

Dans un autre travail, Robert et coll.[46] ont étudié la réaction d'ouverture des α-cyano α-alkoxy carbonylépoxydes par le chlorhydrate d'hydroxylamine, au reflux de l'éthanol. Les auteurs ont montré que l'ouverture du pont époxydique a été effectuée par l'anion chlorure provenant du chlorhydrate d'hydroxylamine. La chlorhydrine intermédiaire, ainsi obtenue, a subi une substitution nucléophile de l'atome de chlore par le groupe alcoxy et la formation d'une oxime, pour conduire à des β-alkoxy α-oximinoesters (Schéma I.13).

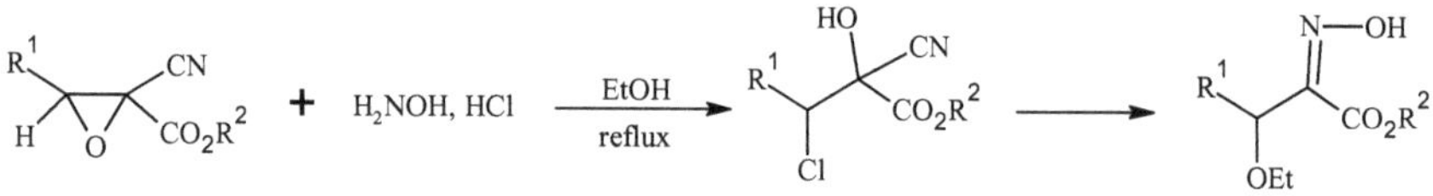

Schéma I.13

I.5. Travail personnel et discussion

En raison du grand nombre de structures biologiquement actives comprenant un motif aminoalcool, la préparation de ces composés à partir des β-arylglycidates d'éthyle, a été pour notre équipe de recherche[47], l'objet d'études intensives depuis de nombreuses années. En effet, dans notre laboratoire, des conditions opératoires permettant la préparation d'aminoalcools monoesters d'une façon hautement régio- chimio- et stéréosélective ont été mises au point (tBuOH, reflux) en faisant réagir des amines primaires sur le β-phénylglycidate d'éthyle (Schéma I.14).

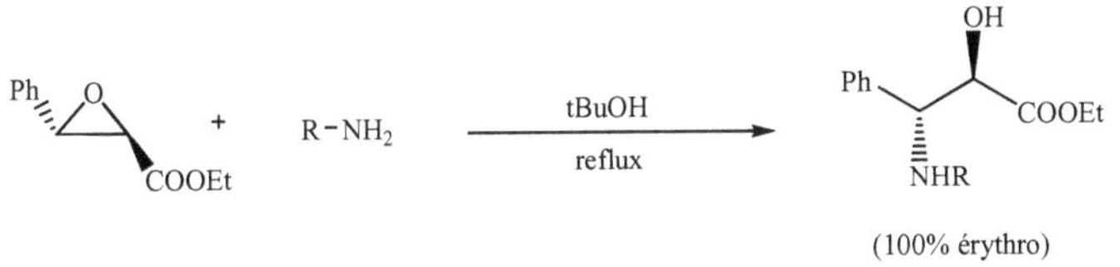

Schéma I.14

Ces conditions de travail n'ont pas pu être utilisées lorsque des amines fonctionnelles ont été testées sur le β-phénylglycidate d'éthyle. En effet, ces amines, portant une fonction ester en β de l'atome d'azote, étaient beaucoup moins réactives et plus sensibles à l'encombrement stérique. Ainsi, la réaction, catalysée par le chlorhydrate de l'amine utilisée et chauffée au reflux de l'éthanol, a fourni des aminoalcools diesters ayant les mêmes caractéristiques que celles des aminoalcools monoesters (Schéma I.15).

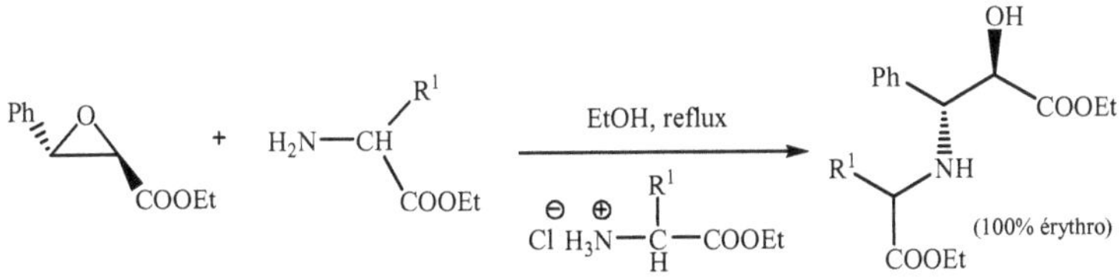

Schéma I.15

Dans le présent travail, nous avons envisagé d'utiliser des amines primaires portant un groupe hydroxyle : les hydroxylamines, pour les faire réagir sur une série de β-arylglycidates d'éthyle. Notre objectif principal est de réaliser une synthèse originale de nouvelles isoxazolidin-5-ones.

I.5.1. Préparation des *trans*-β-arylglycidates d'éthyle

Pour préparer le β-phénylglycidate d'éthyle **1a** racémique de configuration *trans* uniquement, nous procédons par une oxydation stéréospécifique du (E)-cinnamate d'éthyle par l'acide *m*-chloroperbenzoïque (Schéma I.16).

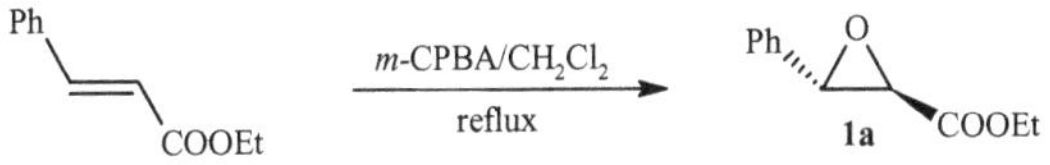

Schéma I.16

D'autre part, la préparation des β-arylglycidates d'éthyle racémiques substitués en para, nécessite une étape d'estérification des acides carboxyliques α,β-insaturés correspondants commerciaux, par l'action du chlorure de thionyle dans l'éthanol suivie d'une oxydation stéréospécifique par le *m*-CPBA au reflux du dichlorométhane (Schéma I.17).

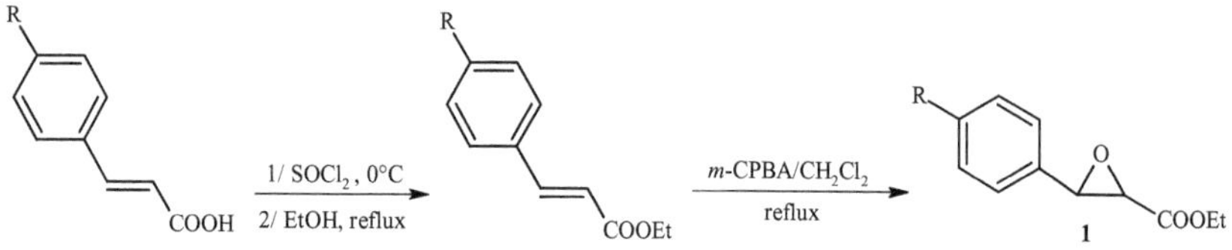

Schéma I.17

Les différents β-arylglycidates d'éthyle **1** synthétisés, sont regroupés dans le tableau I.1.

Tableau I.1 : Synthèse des β-arylglycidates d'éthyle 1 (a-e)

Entrée	Produit	R	Temps (h)	Rdt (%)
1	1a	H	48	87
2	1b	Cl	48	75
3	1c	Me	24	72
4	1d	NO_2	24	74
5	1e	MeO	24	traces

Les résultats du tableau I.1 montrent que les différents β-arylglycidates d'éthyle sont obtenus, dans la plus part des cas, avec de bons rendements. Cependant, lorsque le phényle est substitué en para par un groupe méthoxy (entrée 5), nous n'avons récupéré que quelques traces du produit escompté après purification. Ceci est dû, vraisemblablement, à une dégradation du produit formé, sachant que le produit de départ s'est totalement épuisé.

I.5.2. Synthèse des isoxazolidin-5-ones

Fort des résultats encourageants obtenus, lors de la synthèse des aminoalcools mono- et diesters, par la réaction d'amines sur les β-arylglycidates d'éthyle, nous avons décidé de poursuivre cette étude et l'étendre à des réactifs binucléophiles tels que les N-alkylhydroxylamines, en vue de synthétiser des nouvelles structures hétérocycliques tels que les isoxazolidin-5-ones.

Il est clair que pour arriver à ce but, il faudrait que les N-alkylhydroxylamines puissent réagir avec leur atome d'azote, comme premier centre nucléophile, réalisant une ouverture nucléophile des β-arylglycidates d'éthyle 1, et d'enchaîner par une trans estérification intramoléculaire avec le groupe hydroxyle, pour aboutir aux composés cycliques souhaités (Schéma I.18).

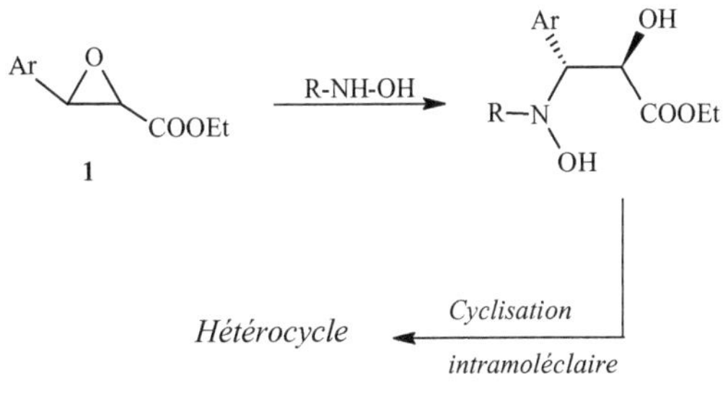

Schéma I.18

Notons que l'utilisation du tertiobutanol comme solvant dans cette réaction est nécessaire pour éviter une éventuelle attaque de la fonction ester de l'époxyde par le groupe amino de l'hydroxylamine. Ce constat a été vérifié lors de l'utilisation d'amines primaires simples dans les travaux antérieurs du laboratoire. Notons aussi que la présence du groupe hydroxyle sur l'atome d'azote des N-alkylhydroxylamines a pour effet de diminuer la nucléophilie de ces réactifs, ce qui rend le chauffage du milieu réactionnel indispensable pour augmenter leur réactivité.

Nous avons réalisé un premier essai avec la N-méthylhydroxylamine après l'avoir libérée de son sel, en utilisant un seul équivalent de tertiobutylate de potassium (Schéma I.19).

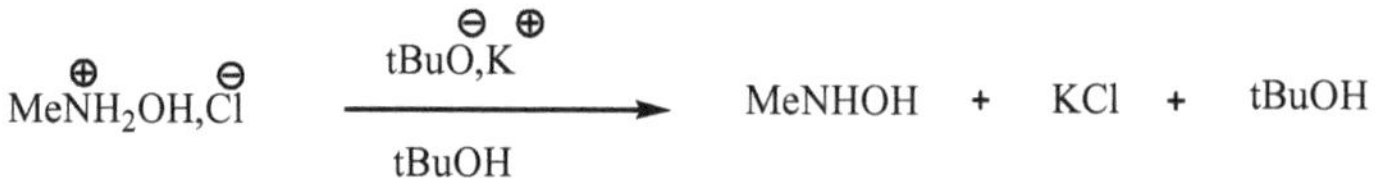

$$\overset{\oplus}{\text{MeNH}_2}\text{OH}, \overset{\ominus}{\text{Cl}} \quad \xrightarrow[\text{tBuOH}]{\overset{\ominus}{\text{tBuO}}, \overset{\oplus}{\text{K}}} \quad \text{MeNHOH} + \text{KCl} + \text{tBuOH}$$

Schéma I.19

Le réactif ainsi préparé est mélangé avec le β-phénylglycidate d'éthyle **1a** et agité au reflux du tertiobutanol. Après 7 heures d'agitation, le produit de départ s'est totalement épuisé et la réaction a fourni la 4-hydroxyisoxazolidin-5-one **2a** comme produit unique avec un rendement de 75% (Schéma I.20). Sur le plan mécanistique, il est clair que la formation de la 4-hydroxyisoxazolidin-5-one **2a** a nécessité une ouverture nucléophile de l'époxyde par attaque de l'atome d'azote sur le carbone benzylique, accompagnée d'une inversion de configuration de ce carbone. Une attaque nucléophile spontanée de la fonction ester par le deuxième centre nucléophile (OH) a fourni l'hétérocycle **2a** après cyclisation.

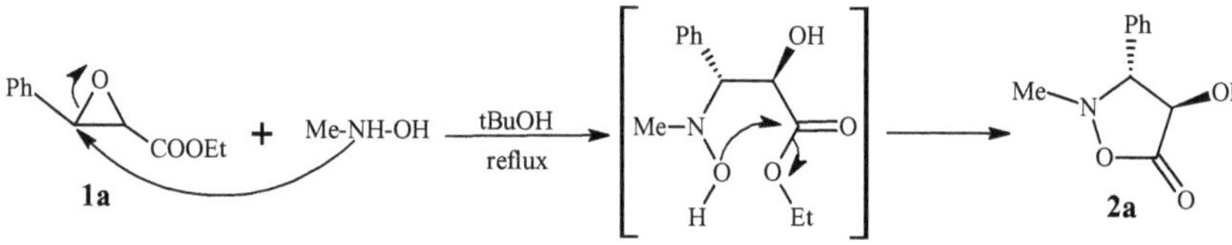

Schéma I.20

Pour confirmer la structure de l'isoxazolidin-5-one **2a** obtenue, nous avons réalisé différentes études spectroscopiques. La spectroscopie infrarouge a permis d'identifier l'existence d'une fonction ester par l'observation d'une bande de vibration intense vers 1777cm^{-1} du vibrateur C=O, ce qui convient avec la structure d'une isoxazolidinone. La RMN bidimensionnelle 2D HMBC (Figure I.2) a montré une tache de corrélation entre les protons du méthyle, provenant de la N-méthylhydroxylamine et le carbone benzylique. Par contre, aucune tache de corrélation n'a été observée entre les protons du même méthyle et le carbone du carbonyle qui apparait vers 174 ppm (Figure I.3). Ces observations confirment que l'atome d'azote n'est pas adjacent au carbonyle mais plutôt adjacent au carbone benzylique. Ce qui confirme avec certitude la structure d'une isoxazolidin-5-one. Par ailleurs, la mesure de la constante de couplage des protons vicinaux H3 et H4 indique une valeur à l'ordre de 11Hz et nous renseigne sur la configuration de l'isoxazolidin-5-one **2a**. Cette valeur de la constante de couplage est en accord avec celles trouvées dans la bibliographie[48] pour des isoxazolidinones de configuration *trans* (Figure I.4).

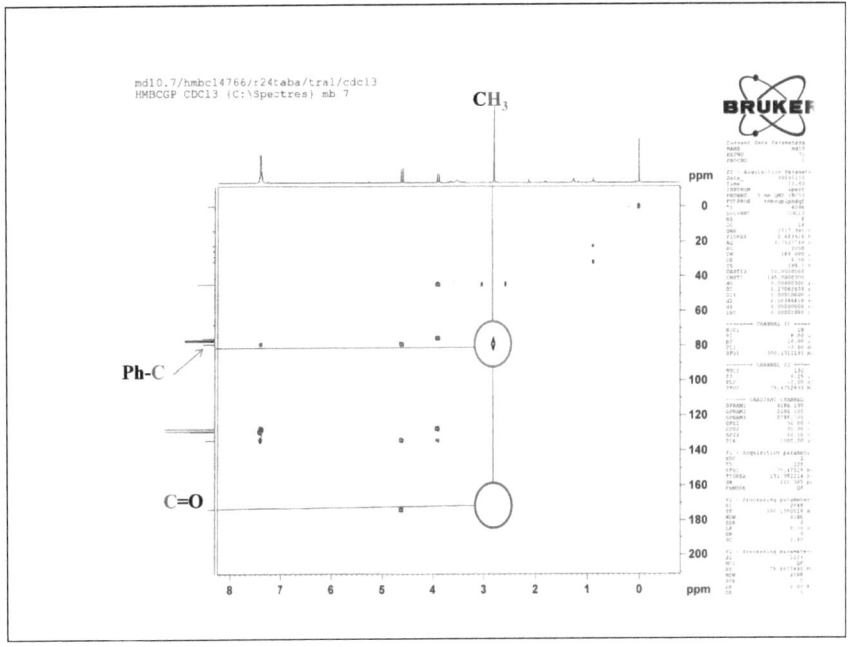

Figure I.2 Spectre RMN bidimensionnelle HMBC du composé 2a

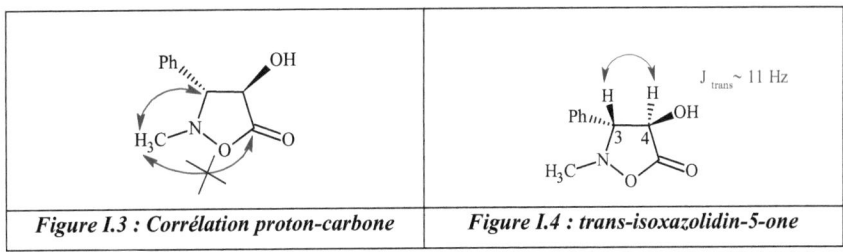

| *Figure I.3 : Corrélation proton-carbone* | *Figure I.4 : trans-isoxazolidin-5-one* |

Dans le but de généraliser ce résultat, nous avons repris cette même réaction en diversifiant les β-arylglycidates d'éthyle ainsi que les N-alkylhydroxylamines (Schéma I.21).

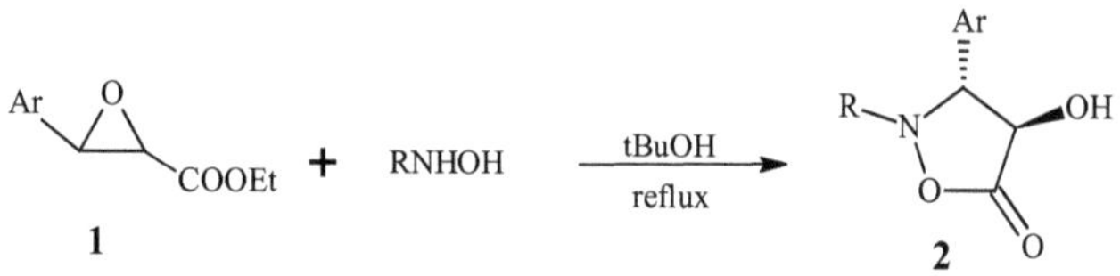

$$\underset{1}{\text{Ar}\diagdown\underset{\text{COOEt}}{\overset{\text{O}}{\triangle}}} + \text{RNHOH} \xrightarrow[\text{reflux}]{\text{tBuOH}} \underset{2}{\text{isoxazolidinone}}$$

Schéma I.21

Les différentes *trans*-isoxazolidin-5-ones **2(a-f)** synthétisées sont regroupées dans le tableau I.2.

Tableau I.2 : Synthèse des isoxazolidin-5-ones 2 (a-f)

Entrée	Produit	R	Ar	Temps (h)	Rdt (%)
1	2a	Me	Ph	7	75
2	2b	Me	p-MeC$_6$H$_4$	9	72
3	2c	Me	p-ClC$_6$H$_4$	24	82
4	2d	Bn	Ph	24	40
5	2e	Me	p-NO$_2$C$_6$H$_4$	24	traces
6	2f	tBu	Ph	24	traces
7	2g	Bn	p-ClC$_6$H$_4$	24	-

D'après les résultats présentés dans le tableau I.2, nous remarquons que la réaction est influencée par l'encombrement stérique causé par le groupe alkyle porté par l'atome d'azote de l'hydroxylamine. En effet, lorsque ce groupe est un benzyle (entrée 4), le rendement de la réaction est tout juste moyen. Par contre, lorsque ce groupe est un tert-butyle (entrée 6) l'encombrement stérique est plus important dans ce cas et le produit souhaité est isolé sous forme de traces. D'autre part, nous avons constaté que le rendement de la réaction peut être influencé par l'effet électronique causé par le substituant porté par le groupe phényle de l'ester glycidique. Avec un groupe méthyle ou un chlore, donneurs d'électrons (entrées 2 et 3), les isoxzolidinones **2b** et **2c** sont isolées respectivement, avec des rendements de 72 % et 82 %. Par contre, avec un groupe NO_2 électroattracteur d'électrons la réaction n'a presque pas évolué.

I.6. Conclusion

Nous avons développé dans ce chapitre une nouvelle voie d'accès aux isoxazolidin-5-ones à partir des β-arylglycidates d'éthyle par l'action des N-alkylhydroxylamines. Nous avons montré que ces binucléophiles peuvent réaliser une ouverture nucléophile du cycle époxydique par l'atome d'azote, comme premier centre nucléophile, suivie d'une deuxième attaque nucléophile par le groupe hydroxyle sur la fonction ester pour fournir les isoxazolidin-5-ones **2** avec de bons rendements. Néanmoins, il faut noter que seules les hydroxylamines possédant sur l'atome d'azote un groupe peu volumineux, peuvent donner des résultats satisfaisants. De même, en cas de substitution du groupe aromatique de l'époxyde par un groupe électroattracteur, la réactivité devient faible voire nulle. Cette voie de synthèse hautement régio- et stéréosélective, a permis d'accéder à de nouveaux 4-hydroxyisoxazolidin-5-ones, dont l'importance n'a cessé de croitre ces dernières années, tant sur le plan chimique que biologique.

I.7. Partie expérimentale

Méthodes générales

Les chromatographies analytiques ont été effectuées sur plaques de silice sur support d'aluminium 60F_{254}SDS.

Les chromatographies flash sur colonne ont été réalisées sur gel de silice (Sigma Aldrich).

Les structures des composés décrits ont été établies grâce à la complémentarité des techniques de Résonance Magnétique Nucléaire, de Spectrométrie de Masse et d'Infra-Rouge.

Les spectres R.M.N du ^{1}H et du ^{13}C ont été enregistrés au moyen d'un spectromètre Bruker AC 300 (300 MHz). Ils ont été réalisés sur des échantillons en solution dans $CDCl_3$ en utilisant le TMS comme référence interne. Les déplacements chimiques sont exprimés en parties par millions (ppm) et les constantes de couplage en Hertz (Hz).

Les spectres de masse ont été réalisés à l'université de Nantes à l'aide d'un spectromètre de masse avec un détecteur MS quadripolaire à ionisation par impact électronique de type :

- ✓ HP 5973 A à 70 eV.

Les analyses par spectrométrie de masse à haute résolution ont été réalisées à la Faculté des Sciences de Nantes et à l'Université de Paris : Institut de Chimie Moléculaire et des Matériaux d'Orsay respectivement à l'aide des spectromètres de masse de type :

- ✓ BIARIO_MASSE11 autoflexTOF/TOF.
- ✓ Bruker Compass Data Analysis 4.0 micro TOF-Q 11 10027.

Les spectres d'absorption infra-rouge ont été enregistrés à la Faculté des Sciences de Bizerte sur un spectromètre de type :

- ✓ PERKIN ELMER PARAGON 1000PC.

I.7.1. Préparation des β-arylglycidate d'éthyle 1 (a-d)

Procédure générale

Un mélange de cinnamate d'éthyle (14,6 g) et d'acide *m*-chloroperbenzoïque (24,6 g) dans 150 mL de CH_2Cl_2 est porté à reflux pendant le temps indiqué dans le tableau I.1. Après l'avoir refroidi au réfrigérateur, le mélange réactionnel est filtré. Le filtrat obtenu est lavé successivement par une solution saturée de Na_2SO_3, une solution saturée de $NaHCO_3$ et une solution saturée de NaCl. La phase organique séchée sur $MgSO_4$ est ensuite filtrée et évaporée. Le liquide obtenu est purifié par distillation sous pression réduite (Eb = 95°-105° sous 0,01 mmHg).

β-phénylglycidate d'éthyle 1a

Rdt: 86%

Formule brute: $C_{11}H_{12}O_3$

Masse molaire: 192

RMN ^1H (300 MHz CDCl$_3$) δ : a: 1,32 (t, 3H, J = 7,2 Hz); d : 3,50 (d, 1H, J = 1,6 Hz); e : 4,09 (d, 1H, J = 1,6 Hz); b : 4,26 (m, 2H); f : 7,29 ; 7,35 (2m, 5H).

RMN ^{13}C (75 MHz CDCl$_3$) δ : a: 14,1; d : 62,6; e: 63,8; b: 74,6; f: 127,9; 128,5; 128,7 (CH arom); 137,6 (C arom); c: 171,2.

p-chlorophénylglycidate d'éthyle 1b

Rdt: 82%

Formule brute: $C_{11}H_{11}ClO_3$

Masse molaire: 226,5

RMN ^1H (300 MHz CDCl$_3$) δ : a: 1,33 (t, 3H, J = 7,2 Hz); d : 3,45 (d, 1H, J = 1,7 Hz); e: 4,07 (d, 1H, J = 1,7 Hz); b : 4,29 (m, 2H); f : 7,23; 7,33 (2d, 4H, J = 8,5 Hz).

RMN ^{13}C (75 MHz CDCl$_3$) δ : a: 14,1; d : 56,7; e: 57,2; b: 61,8; f: 127,2; 128,5 (CH arom); 133,6; 134,9 (C arom); c: 167,8.

p-méthylphénylglycidate d'éthyle 1c

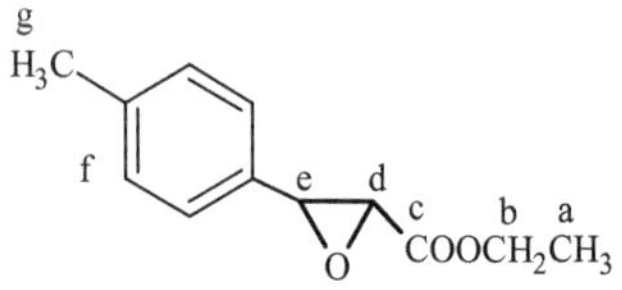

Rdt: 85%

Formule brute: $C_{12}H_{14}O_3$

Masse molaire: 206

RMN ^{1}H (300 MHz CDCl$_3$) δ : a: 1,32 (t, 3H, J = 7,1 Hz); g: 2,70 (s, 3H); d: 3,45 (d, 1H, J = 1,4 Hz); e: 4,23 (d, 1H, J = 1,4 Hz); b: 4,29 (m, 2H); f: 7,25 (m, 4H).

RMN ^{13}C (75 MHz CDCl$_3$) δ : a: 14,2; g: 29,4; d : 62,4; e: 63,9; b: 74,6; f: 127,4; 128,4 (CH arom); 135,9; 137,63 (C arom); c: 170,2.

p-nitrophénylglycidate d'éthyle 1d

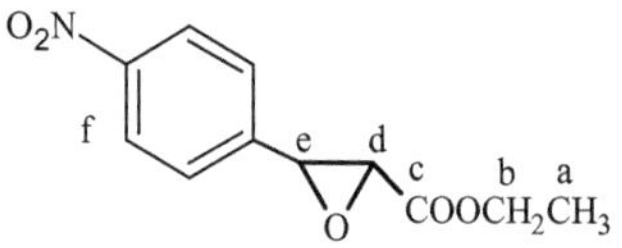

Rdt: 84%

Formule brute: $C_{11}H_{11}NO_5$

Masse molaire: 237

RMN ^{1}H (300 MHz CDCl$_3$) δ : a: 1,35 (t, 3H, J = 7,2 Hz); d : 3,50 (d, 1H, J = 1,6 Hz); e : 4,24 (d, 1H, J = 1,6 Hz); b : 4,30 (m, 2H); f : 7,50; 8,24 (2d, 4H, J = 8,4 Hz).

RMN ^{13}C (75 MHz CDCl$_3$) δ : a: 14,1; d : 62,7; e: 64,1; b: 74,6; f: 128,4; 128,8 (CH arom); 138,1; 148,2 (C arom); c: 171,2.

I.7.2. Préparation des 4-hydroxyisoxazolidin-5-ones 2 (a-d)

Procédure générale

Dans un ballon bicol surmonté d'un réfrigérant et sous atmosphère d'azote, on introduit 7,5 mmol de chlorhydrate de N-alkylhydroxylamine et 7,5 mmol de tertiobutylate de potassium dans 10 mL de tertiobutanol. Le mélange est agité pendant 30 min, ensuite on ajoute 5 mmol du β-arylglycidate d'éthyle **1**, après avoir porté le mélange réactionnel au reflux de l'alcool tertiobutylique. Après épuisement total de l'époxyde **1** (contrôle par CCM), le solvant est évaporé et le résidu est chromatographié sur colonne de gel de silice en utilisant le mélange éther de pétrole/éther (6:3) comme éluant.

4-hydroxy-2-méthyl-3-phénylisoxazolidin-5-one 2a

Rdt: 75 %

Formule brute: $C_{10}H_{11}NO_3$

Masse molaire: 193

IR (cm^{-1}): 1777 (C=O), 3300 (OH).

RMN ^{1}H (300 MHz CDCl$_3$) δ : a: 2,83 (s, 3H); d: 3,55 (signal large, 1H, OH); c: 3,92 (d, 1H, J = 11,0 Hz); b: 4,63 (d, 1H, J = 11,0 Hz); f: 7,38-7,43 (m, 5H).

RMN ^{13}C (75 MHz CDCl$_3$) δ : a: 44,6; c: 75,6; b: 79,0; f: 128,3; 128,8; 129,4 (CH arom) 134,3 (C arom); e: 174,0.

SM m/z (I%): 119 (42), 91 (100), 77 (26), 51 (14), 42 (8), 24 (4).

SMHR calculée pour C$_{10}$H$_{11}$NO$_3$ [M]$^+$: 193,0738 trouvée: 193,0732.

4-hydroxy-2-méthyl-3-p-méthylphénylisoxazolidin-5-one 2b

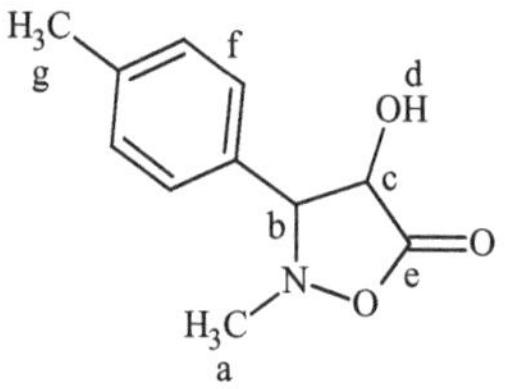

Rdt: 72 %

Formule brute: $C_{11}H_{13}NO_3$

Masse molaire: 207

IR (cm^{-1}): 1789 (C=O), 3345 (OH).

RMN ^{1}H (300 MHz CDCl$_3$) δ : d: 1,20 (signal large, 1H, OH); g: 2,73 (s, 3H); a: 3,86 (s, 3H); c: 3,86 (d, 1H, J = 11,0 Hz); b: 4,55 (d, 1H, J = 11,0 Hz); f: 7,09-7,24 (m, 4H).

RMN ^{13}C (75 MHz CDCl$_3$) δ : g: 29,7; a: 44,5; c: 75,1; b: 78,3; f: 125,3; 128,6 (CH arom); 134,8; 137,9 (C arom); e: 173,8.

SM m/z (I%): 208 (M+H, 12), 118 (47), 91 (100), 32 (60).

SMHR calculée pour $C_{11}H_{13}NO_3$ [M]$^+$: 207,0895 trouvée: 207,0893.

3-p-chlorophényl-4-hydroxy-2-méthylisoxazolidin-5-one 2c

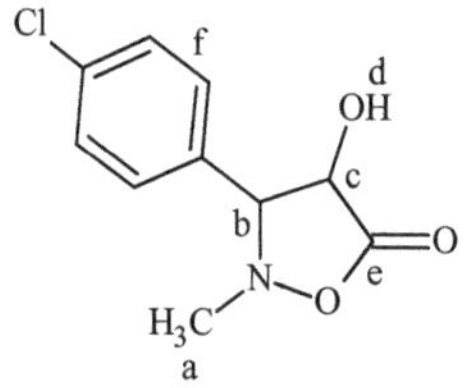

Rdt: 82 %

Formule brute: $C_{10}H_{10}NO_3$

Masse molaire: 227

IR (cm^{-1}): 1770 (C=O), 3400 (OH).

RMN ^{1}H (300 MHz CDCl$_3$) δ : d: 1,20 (signal large, 1H, OH); a: 3,91 (s, 3H); c: 3,91 (d, 1H, J = 10,1 Hz); b: 4,59 (d, 1H, J = 10,1 Hz); f: 7,38-7,40 (m, 4H).

RMN ^{13}C (75 MHz CDCl$_3$) δ : a: 44,7; c: 76,6; b: 78,5; f: 128,3; 128,9 (CH arom); 135,3; 132,8 (C arom); e: 173,2.

SM m/z (I%): 227 (M, 5), 170 (100), 152 (30), 91 (14), 42 (25).

SMHR calculée pour C$_{10}$H$_{10}$ClNO$_3$ [M]$^+$: 227,0349 trouvée: 227,0344.

2-benzyl-4-hydroxy-3-phénylisoxazolidin-5-one 2d

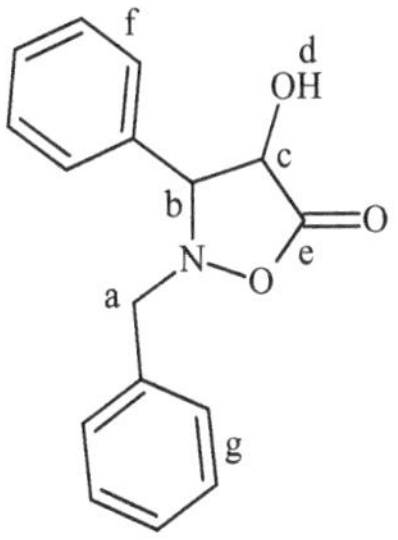

Rdt: 40 %

Formule brute: C$_{16}$H$_{15}$NO$_3$

Masse molaire: 269

IR (cm^{-1}): 1734 (C=O), 3054 (OH).

RMN ^{1}H (300 MHz CDCl$_3$) δ : d: 1,30 (signal large, 1H, OH); a: 4,20; 3,90 (2d, 2H, J = 14,8 Hz); c: 4,14 (d, 1H, J = 10,9 Hz); b: 4,61 (d, 1H, J = 10,9 Hz); f, g: 7,24-7,50 (m, 10H).

RMN ^{13}C (75 MHz CDCl$_3$) δ : a: 44,7; c: 75,8; b: 78,5; f, g: 128,9; 129,4 (CH arom); 132,9; 135,3 (C arom); e: 173,4.

SM m/z (I%): 194 (35), 91 (100), 65 (17), 32 (56).

SMHR calculée pour C$_{16}$H$_{15}$NO$_3$ [M]$^+$: 269,1051 trouvée: 269,1047.

RÉFÉRENCES BIBLIOGRAPHIQUES

1. Besbes, R.; Ennigrou, M. R., *Synth. Commun.*, **2004**, 34(12), 2185.
2. (a) Bodendorf, K.; Dettke, K., *Arch. Pharm.*, **1958**, 291, 77; (b) Posner, G. H.; Rogers D. Z.; Kinzig, C. M.; Gurria, G. M., *Tetrahedron Lett.*, **1975**, 3577. (c) Posner, G. H.; Rogers, D. Z., *J. Am. Chem. Soc.*, **1977**, 99, 8208. (d) Posner, G. H.; Rogers, D. Z.; Romero, A., *Isr. J. Chem.*, **1979**, 18, 259. (e) Posner, G. H.; Hulce, M.; Rose, R. K.; *Synth. Commun.*, **1981**, 11, 737.
3. Azoulay, S.; Manabe, K.; Kobayashi, S., *Org. Lett.*, **2005**, 7, 4593.
4. (a) Martynov, V. F.; Olma, G., *Zhuv. Obshchei. Kim.*, **1957**, 27, 1944. (b) Beena, B.; Swati, J.; Asit, D.; Ipsita, B.; Javed, I., *Tetrahedron Lett.*, **1996**, 37, 7311. (c) Asit, D.; Skubhajit, G.; Javed I., *Tetrahedron Lett.*, **1997**, 38, 8379.
5. (a) Gou, D. M., Liu, Y. G.; Chen, C. S., *J. Org. Chem.*, **1993**, 58, 1287. (b) Righi, G. Rumboldt, G., *J. Org. Chem.*, **1996**, 61, 3557. (c) Denis, J. N.; Correa, A.; Greene, A. E., *J. Org. Chem.*, **1990**, 55, 1957. (d) Evans, D. A.; Sjogren, E. B.; Weber, A. E. Conn, R. E., *Tetrahedron Lett.*, **1987**, 28(1), 39. (e) Solladie-Cavallo A.; Lupattelli, P.; Bonini, C.; De Bonis M., *Tetrahedron Lett.*, **2003**, 44, 5075.
6. (a) Maruoka, K.; Sano H.; Yamamoto, H., *Chem. Lett.*, **1985**, 599. (b) Blandy, R.; Choukroun, R.; Gervais, D., *Tetrahedron Lett.*, **1983**, 24, 4189. (c) Sinou, D.; Emziane, M., *Tetrahedron Lett.*, **1986**, 27, 4423.
7. (a) Thijs, L.; Porskamp, J. J. M.; Van Loon, A. A. W. M.; Derks, M. P. W.; Feenstra, R. W.; Legters, J.; Zwanenburg, B., *Tetrahedron,* **1990**, 46 (7), 2611. (b) Zamboni, R.; Rokach, J., *Tetrahedron Lett.*, **1983**, 24, 331. (c) Duréault, A.; Greck, C.; Depezay, J. C., *Tetrahedron Lett.*, **1986**, 27, 4157. (d) Tanner, D.; Somfai, P., *Tetrahedron Lett.*, **1987**, 28, 1211.
8. Xiang, Y.; Gi, H. J.; Niu, D.; Schinazi, R. F.; Zhao, K., *J. Org. Chem.*, **1997**, 62, 7430.
9. Jost, S.; Gimbert, Y.; Greene, A. E., *J. Org. Chem.*, **1997**, 62, 6672.
10. Bentley, S. A.; Davies, S. G.; Lee, J. A.; Roberts, P. M.; Russell, A. J.; Thomson, J. E.; Toms, S. M., *Tetrahedron,* **2010**, 66, 4604.
11. Shindo, M.; Ohtsuki, K.;. Shishido ,K.; *Tetrahedron: Asymmetry,* **2005**, *16*, 2821.
12. Rozalski, M.; Krajewska, U.; Panczyk, M.; Mirowski, M.; Rozalska, B.; Wasek, T.; Janecki, T., *Eur. J. Med. Chem.*, **2007**, 42, 248.
13. Shamsuzzaman.; Khanam, H.; Mashrai, A.; Siddiqui, N., *Tetrahedron Lett.*, **2013**, 874.

14 Overy, D.; Calati, K.; Kahn, J. N.; Hsu, M. J.; Martin, J.; Collado, J.; Roemer, T.; Harris, G.; Parish, C. A., *Bioorg. Med. Chem. Lett.*, **2009**, 19, 1224.
15 Janecki, T.; Wasek, T.; Rozalski, M.; Krajewska, U.; Studzian, K.; Janecka, A., *Bioorg. Med. Chem. Lett.*, **2006**, 16, 1430.
16 Rozalski, M.; Krajewska, U.; Panczyk, M.; Mirowski, M.; Rozalska, B.; Wasek, T.; Janecki, T., *Eur. J. Med. Chem.*, **2007**, 42, 248.
17 Cao, X.; Iqbal, A.; Patel, A.; Gretz, P.; Huang, G.; Crowder, M.; Day, R. A., *Biochem. .Biophyl. Res. Commun.*, **2003**, 267.
18 Wierenga, W.; Harrison, A. W.; Evans, B. R.; Chidester, C. G., *J. Org. Chem.*, **1984**, 49, 438.
19 Fountain, K. R.; Erwin, R.; Early, T., *Tetrahedron Lett.*, **1975**, 35, 3027.
20 Stamm, H.; Steudle, H., *Tetrahedron Lett.*, **1976**, 40, 3607.
21 Lee, H. S.; Park, J. S.; Kim, M. B.; Gellman, S. H., *J. Org. Chem.*, **2003**, 68, 1575.
22 Baldwin, S. W.; Aubé, J., *Tetrahedron Lett.*, **1987**, 28, 179.
23 Baldwin, J. E.; Harwood, L. M.; Lombard, M. J., *Tetrahedron*, **1984**, 21, 4363.
24 Garcia, M. E. J.; Yu, S.; Bode, J. W., *Tetrahedron*, **2010**, 66, 4841.
25 Ibrahem, I.; Rios, R.; Vesely, J.; Zhao, G. L.; Cordova, A., *Chem. Commun.*, **2007**, 849.
26 Seayad, J.; Patra, P. K.; Zhang, Y.; Ying, J. Y., *Org. Lett.*, **2008**, 10, 954.
27 Jurczak, M.; Socha, D.; Chmielewski, M., *Tetrahedron*, **1996**, 1411.
28 Frelek, J.; Panfil, I.; Gluzinski, P.; Chmielewski, M., *Tetrahedron: Asymmetry*. **1996**, 7, 3415.
29 Panfil, I.; Lipkoska, Z. L. U.; Chmielewski, M., *Carbohydr. Res.*, **1998**, 505.
30 Baldwin, J. E.; Adlington, R. M.; Mellor, L. C., *Tetrahedron*, **1994**, 50, 5049.
31 Tsuge, O.; Sone, K.; Urano, S.; Matsuda, K., *J. Org. Chem.*, **1982**, 47, 5171.
32 Shindo, M.; Itoh, K.; Tsuchiya, C.; Shishido, K., *Org. Lett.,* **2002**, 4, 3119.
33 Merino, P.; Franco, S.; Garces, N.; Merchan, F. L.; Tejero, T., *Chem. Commun.*, **1998**, 493.
34 Baldwin, J. E.; Adlington R. M.; Birch R. M., *J. Chem. Soc. Chem. Commun.*, **1985**, 256.
35 Sibi, M. P.; Liu, M.; *Org. Lett.* **2001**, 3, 4181.
36 Martinez, A. D.; Tejero, T.; Merino, P., *Tetrahedron: Asymmetry*, **2010**, 21, 2934.
37 Stamm, H.; Hoenicke J.; *Liebigs Ann. Chem.*, **1971**, 748, 143.

38 Sibi, M. P.; Prabagaran, N.; Ghorpade, S. G.; Jasperse, C. P., *J. Am. Chem. Soc.*, **2003**, 125, 11796.
39 Gharbia, M. A. A.; Joullie, M. M., *J. Org. Chem.*, **1979**, 17, 2961.

40 Freer, A.; Overton, K.; Tomanek, R., *Tetrahedron Lett.*, **1990**, 10, 1471.

41 Panfil, I; Maciejewski, S.; Belzecki, C.; Chmielewski, M., *Tetrahedron Lett.*, **1989**, 30, 1527.
42 Maciejewski, S.; Panfil, I.; Belzecki, C.; Chmielewski, M., *Tetrahedron Lett.*, **1990**, 31, 1901.
43 Merino, P.; Franco, S.; Merchan, F. L.; Tejero, T., *Tetrahedron: Asymmetry.*, **1998**, 9, 3945.
44 O'Neil, I. A.; Southern, J. M., *Tetrahedron Lett.*, **1998**, 39, 9089.

45 Donald, J. R.; Edwards, M. G.; Taylor, R. J. K., *Tetrahedron Lett.*, **2007**, 48, 5201.
46 Boukhris, S.; Souizi, A.; Robert, A., *Tetrahedron Lett.*, **1996**, 37, 4693.

47 Ould Elemine, B.; Besbes, R.; Ennigrou, M. R. *Synth. Commun.*, **2007**, *37*, 398.

48 Baldwin, J. E.; Harwood, L. M.; Lombard, M. J., *Tetrahedron,* **1984**, 40, 4363.

CHAPITRE 2 : Synthèse de 4-hydroxy et de 4-alkylaminoisoxazolidin-3-ones

II.1. Préparation de *trans*-aziridine-2-carboxylates

II.1.1. Introduction

De nombreux travaux de recherche ont été consacrés à la synthèse et à l'étude de la réactivité des composés hétérocycliques oxygénés ou azotés comme les époxydes et les aziridines, compte tenu de leurs importances en tant que précurseurs de molécules ayant des intérêts synthétiques ou possédant une activité biologique. Suite aux travaux effectués dans notre laboratoire et réservés à la synthèse et à l'étude de la réactivité des β-arylglycidates d'éthyle et des aziridine-2-carboxylates d'éthyle, nous avons axé le présent travail sur le développement de la gamme des composés issus de ces structures par la synthèse de nouvelles isoxazolidin-3-ones en empruntant un chemin synthétique qui n'a jamais été décrit auparavant.

L'intérêt grandissant que suscitent actuellement les aziridines fonctionnelles en synthèse organique et leur présence dans le squelette de plusieurs biomolécules, sont à l'origine du nombre très important de publications relatant la diversité de ces molécules en termes de méthodes de préparation et de transformations. En effet, la versatilité de ces petits cycles et leur capacité intrinsèque à se transformer, ainsi que la multiplicité de leur utilisation en chimie organique comptent parmi les raisons qui ont favorisé, depuis longtemps, le développement de nouvelles voies de leur synthèse. Ainsi, il a été démontré que les aziridines constituent un siège important pour les réactions d'ouverture[1-7] et d'expansion[8-13] de cycles et par conséquent elles sont employées comme des précurseurs potentiels dans la synthèse d'amines fonctionnalisées[14-16] et d'hétérocycles azotés[17-19]. Dans la continuité des travaux réalisés par notre équipe de recherche[20], nous avons souhaité explorer davantage le potentiel synthétique des aziridine-2-carboxylates synthétisées dans notre laboratoire, tout en profitant de la fragilité relative de la liaison C-N du cycle aziridinique et de la réactivité des centres électrophiles se trouvant en α et en β de l'atome d'azote de ce cycle (Figure II.1).

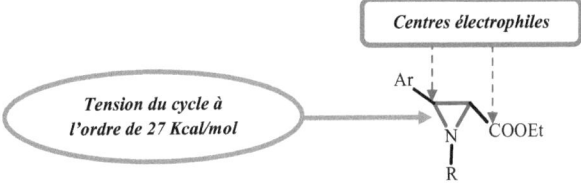

Figure II.1

Les aziridine-2-carboxylates d'éthyle sont les homologues des β-arylglycidates d'éthyle, d'où elles peuvent avoir des réactivités semblables. Nous nous sommes intéressés dans ce chapitre à l'étude de la réactivité de ces deux hétérocycles vis-à-vis de réactifs binucléophiles chargés tels que les anions des N-alkylhydroxylamines.

II.1.2. Aperçu bibliographique sur la synthèse des aziridine-2-carboxylates

Dans l'aperçu bibliographique suivant, nous présenterons les voies d'accès aux aziridine-2-carboxylates les plus récentes ainsi qu'une attention toute particulière sera portée à celles utilisant des aminoalcools ou des époxydes comme substrats de départ.

II.1.2.1. Synthèse d'aziridines à partir de dérivés d'imines

En 2013, l'équipe de Synytsya[21] a décrit une méthode intéressante pour la synthèse des aziridines carboxylates. Les auteurs ont montré à travers cette approche que l'action d'imines de trifluoropyruvates sur le diazométhane conduit à la formation de triazolines carboxylates intermédiaires qui se transforment, dans une deuxième étape, au reflux du toluène et en présence d'une quantité catalytique de CF_3COOH, en 2-(trifluorométhyl)aziridine-2-carboxylates (Schéma II.1).

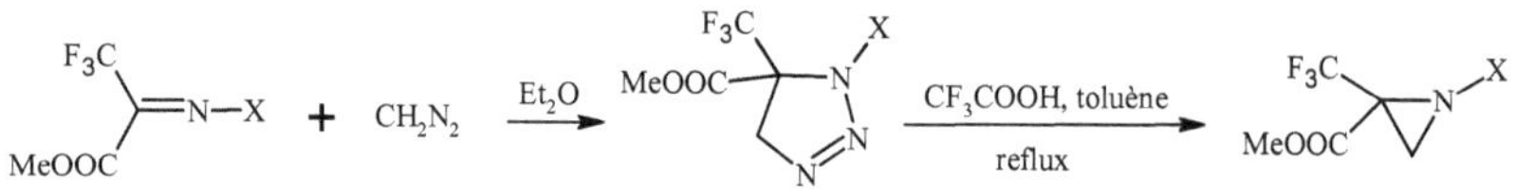

Schéma II.1

II.1.2.2. Synthèse d'aziridines à partir d'esters α,β-insaturés

En 2002, Tolomelli et coll.[22] ont décrit une synthèse hautement énantiosélective d'une aziridine-2,2-dicarboxylate. La transformation débute par la préparation d'une hydroxylamine dicarboxylate chirale en faisant réagir un malonate α,β-insaturé avec la N,O-bis(triméthylsilyl)hydroxylamine en présence de $Cu(OTf)_2$ et d'un ligand bisoxazoline chiral. Cette hydroxylamine intermédiaire subit, dans une deuxième étape, un traitement basique pour conduire finalement à la 3-isopropylaziridine-2,2-dicarboxylate (Schéma II.2).

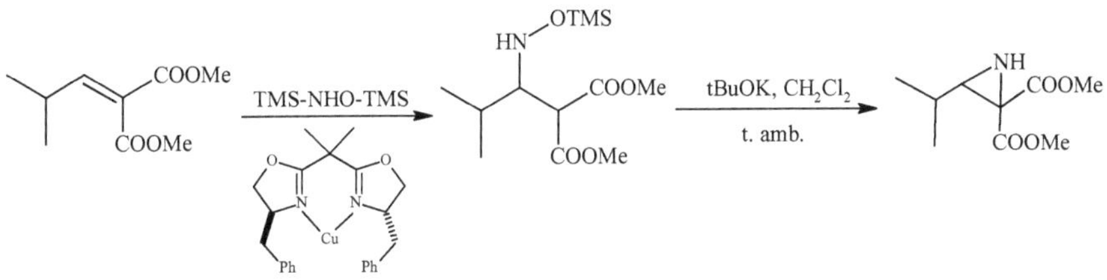

Schéma II.2

Ultérieurement, des aziridine-2-carboxylates ont été préparées d'une façon diastéréosélective à partir de phénylsénylaminoesters, par l'action de Me₃OBF₄ suivie d'un traitement par une solution aqueuse de NaOH (1N) ou encore par l'action de NBS suivie d'un traitement par du carbonate de sodium. Les phénylsénylaminoesters sont obtenus, à leur tour, à partir d'esters α, β-insaturés[23] (Schéma II.3).

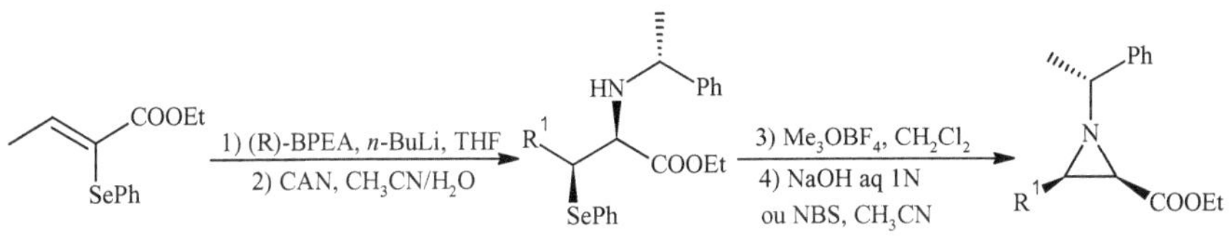

Schéma II.3

II.1.2.3. Synthèse d'aziridines à partir d'époxydes

Les époxydes ne sont pas seulement les homologues des aziridines, ce sont aussi de bons précurseurs pour la synthèse de ces hétérocycles azotés à trois chainons. A titre d'exemple, nous citons les travaux de Zwanenburg[24] dans lesquels des aziridine-2-carboxylates ont été préparées en deux étapes. La première étape consiste à traiter les esters glycidiques par l'azoture de sodium. Les azidoalcools obtenus subissent, dans une deuxième étape, une cyclisation sous l'action de la triphénylphosphine pour conduire aux aziridines correspondantes, via un intermédiaire oxazophosphine, avec une bonne énantiosélectivité (Schéma II.4).

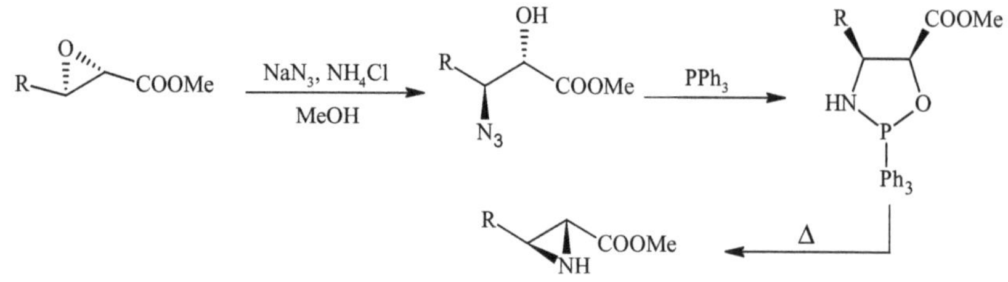

Schéma II.4

II.1.2.4. Synthèse d'aziridines à partir d'aminoalcools

Parmi les méthodes les plus efficaces pour la synthèse des aziridines, ce sont celles qui utilisent des aminoalcools comme précurseurs. Ces transformations sont envisageables par l'activation de la fonction alcool en un bon groupe partant.

En s'orientant vers cette stratégie, l'équipe de Spivey[25] a rapporté une synthèse originale d'aziridines carboxylates. Celles-ci sont accessibles par l'activation des aminoalcools esters et leur transformation en aziridines en présence de la diéthoxytriphénylphosphine (DTPP). La protection de ces dernières est réalisée in situ en dérivés N-Boc (Schéma II.5).

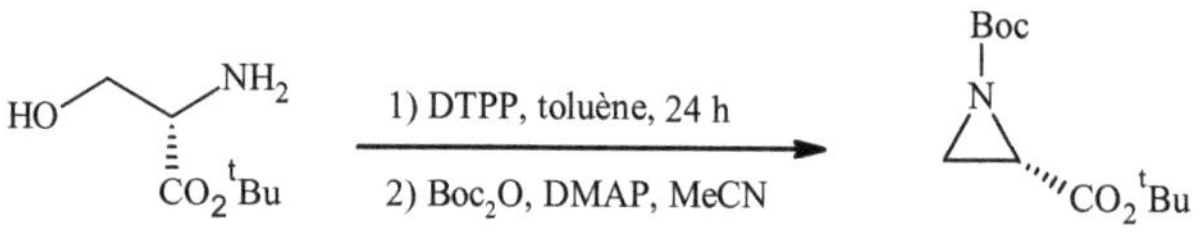

Schéma II.5

Une aziridine-2-carboxylate[26] énantiopure a été synthétisée en partant de la (1S,2R)-thréonine. La procédure implique la sulfonylation de la fonction alcool et l'estérification de la fonction acide, pour réaliser ensuite une cyclisation de type Mitsunobu (Schéma II.6).

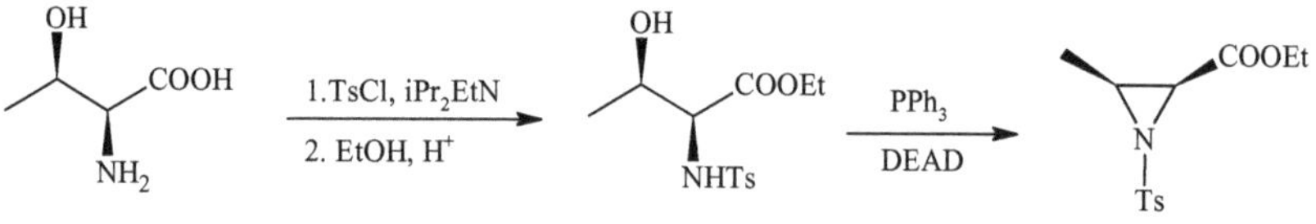

Schéma II.6

II.1.3 Aperçu bibliographique sur la réaction d'ouverture des aziridines par des hydroxylamines

La réaction d'ouverture des aziridines par des N-alkylhydroxylamines est rarement décrite dans la littérature. En effet, nous n'avons pu recenser qu'une seule référence bibliographique qui traite ce type de réaction. Dans un travail décrit par l'équipe de Hobbs[27], il a été démontré que la réaction d'ouverture des aziridines par des N-alkylhydroxylamines N-Tosylées est envisageable dans l'éther diéthylique et en présence d'une quantité catalytique (20%) de $BF_3.Et_2O$ (Schéma II.7). Dans ce cas, les β-N'-tosylamino-N-alkylhydroxylamines sont obtenues avec de bons rendements. Ces produits peuvent être assimilés à des 1,2-diamines fonctionnelles faisant partie d'une importante famille de composés organiques.

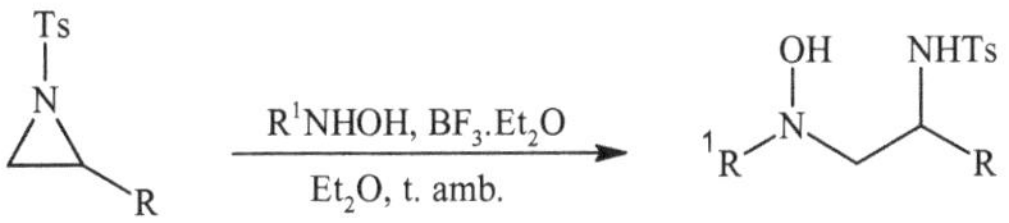

Schéma II.7

Dans le cas ou le groupe en position 2 de l'aziridine possède une insaturation, une cyclisation reverse-cope est observée fournissant des pyrrolidine- et des pipéridine- N-oxides (Schéma II.8)

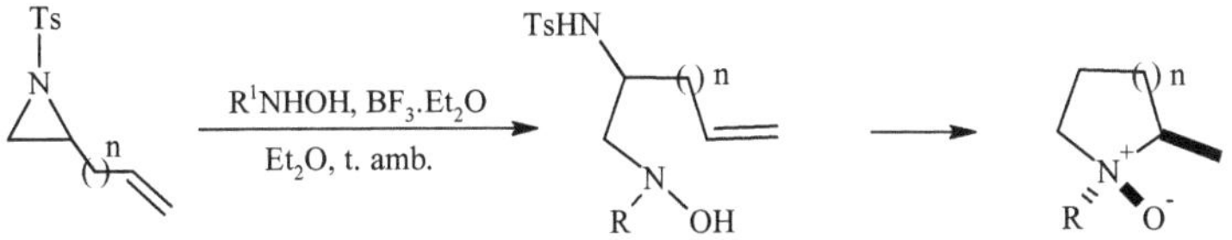

Schéma II.8

II.1.4. Travaux réalisés au laboratoire

L'étude de la réactivité des aminoalcools diesters a permis, à notre équipe de recherche de synthétiser d'une manière hautement stéréosélective, une série de trans-N-alkylaziridines-2-carboxylates d'éthyle. La réaction se déroule dans le dichlorométhane à basse température (-78°C) et en présence de 1,2 équivalents de chlorure de mésyle et 3 équivalents de diisopropyléthylamine. L'aminoalcool O-mésylé, formé majoritairement se cyclise, après quelques heures d'agitation, en aziridine-2-carboxylate (Schéma II.9).

Il est important de signaler que cette réaction est réalisée à très basse température afin d'éviter la double mésylation de l'aminoalcool diester. Néanmoins lorsque R=H, la réaction fournit à coté de l'aziridine, un produit indésirable, issu d'une double mésylation des deux fonctions, amine et alcool.

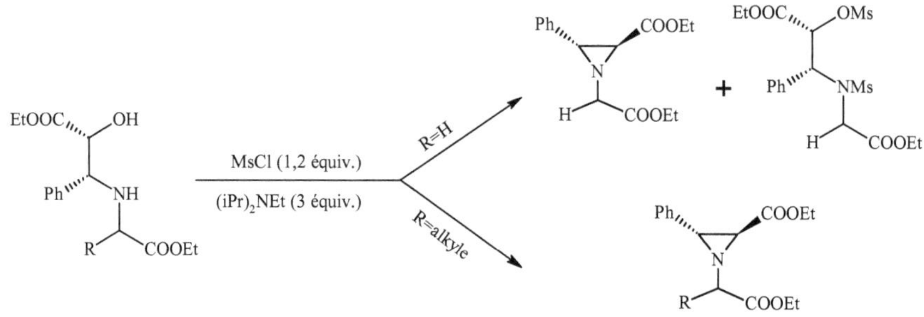

Schéma II.9

II.1.5. Travail personnel et discussion

La plupart des aziridine-2-carboxylates présentées dans ce travail, ont été synthétisées par Melle Ameni Kaabi. Ma tache consiste essentiellement à reprendre le travail réalisé et à synthétiser de nouveaux aminoalcools paraphénylsubstitués **3 (f-i)**, afin de les transformer ensuite en aziridine-2-carboxylates **4**. Ces nouveaux aminoalcools ont été synthétisés selon la méthode décrite par notre équipe de recherche[28] (Schéma II.10).

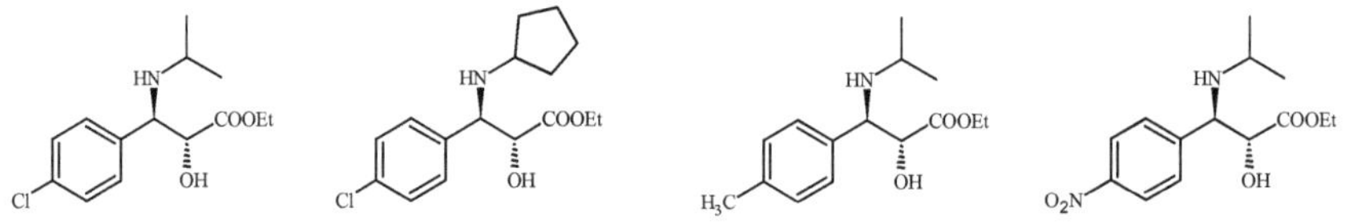

3f Rdt: 90 %   **3g** Rdt: 82 %   **3i** Rdt: 69 %   **3h** Rdt: 76 %

Schéma II.10

Nous avons ensuite appliqué le même protocole expérimental établi par notre équipe de recherche[29] pour réaliser une synthèse hautement stéréosélective des trans-aziridne-2-carboxylates racémiques. En effet, en opérant à -50°C, les aminoalcools **3** ont été traités par

1,2 équivalents de chlorure de mésyle et 2,4 équivalents de triéthylamine dans le dichlorométhane. Les intermédiaires aminoalcools O-mésylés formés ce sont cyclisés spontanément en *trans*-aziridine-2-carboxylates **4**. Cette cyclisation peut être expliquée par la substitution intramoléculaire du groupe OMs par l'atome d'azote de l'aminoalcool O-mésylé ainsi formé, fournissant un ion aziridinuim. Ce dernier subi rapidement une déprotonation par la triéthylamine, se trouvant dans le milieu réactionnel, pour donner naissance aux aziridine-2-carboxylates **4** avec de bons rendements (Schéma II.11).

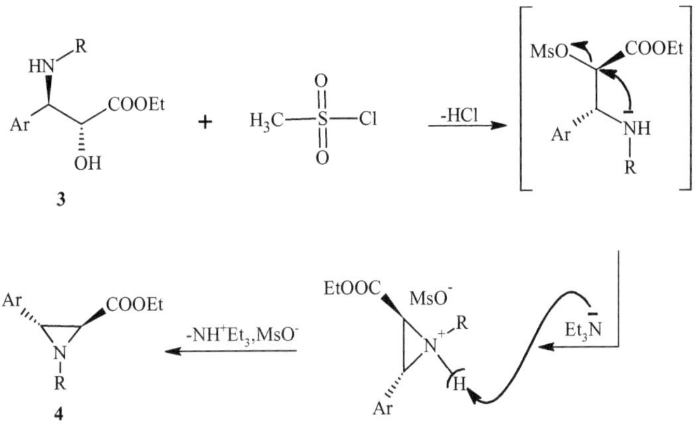

Schéma II.11

Les différentes aziridine-2-carboxylates d'éthyle **4 (a-h)** synthétisées sont rassemblées dans le tableau II.1

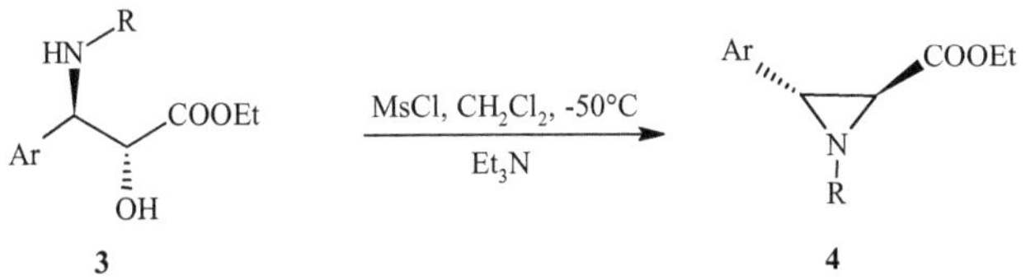

Schéma II.12

Tableau II.1 : Synthèse des trans-aziridine-2-carboxylates 4 (a-h)

Produit	R	Ar	Rdt (%)
4a	i-C_3H_7	Ph	92
4b	c-C_5H_9	Ph	90
4c	c-C_6H_{11}	Ph	85
4d	c-C_8H_{15}	Ph	86
4e	$CH(CH_3)$-C_6H_5	Ph	70
4f	i-C_3H_7	p-ClC_6H_4	95
4g	c-C_5H_9	p-ClC_6H_4	77
4h	i-C_3H_7	p-$NO_2C_6H_4$	traces
4i	i-C_3H_7	p-MeC_6H_4	–

D'après les résultats du tableau II.1, les aziridine-2-carboxylates **4(a-h)** ont été isolées dans la majorité des cas avec de bons rendements, cependant, la transformation des aminoalcools **3h** et **3i** s'est avérée très difficile vue que la réaction a fourni quelques traces du produit souhaité **4h**, alors qu'aucun produit n'a été obtenu avec le paraméthylphénylaminoalcool **3i**. Dans le cas de l'aziridine **4e**, nous avons obtenu un mélange de deux diastéréoisomères (α+β), difficilement séparables par chromatographie sur colonne de gel de silice, et les différentes analyses spectroscopiques ont été réalisées sur ce mélange.

II.2. Synthèse des 4-hydroxy- et des 4-alkylaminoisoxazolidin-3-ones

II.2.1. Introduction

Comme nous l'avons singnalé au début du chapitre, nous avons souhaité explorer davantage le potentiel synthétique des β-arylglycidates d'éthyle **1** et des aziridine-2-carboxylates **4**. La synthèse que nous proposons consiste en l'ouverture nucléophile du cycle époxydique et du cycle aziridinique par des réactifs binucléophiles tels que les anions des N-alkylhydroxylamines. Cette étude a permis d'accéder d'une manière régio-contrôlée à de nouveaux hétérocycles oxygénés et azotés tels que les 4-hydroxyisoxazolidin-3-ones et les 4-alkylaminoisoxazolidin-3-ones.

II.2.2. Applications et propriétés biologiques des isoxazolidin-3-ones

Les isoxazolidin-3-ones ont suscité l'intérêt de plusieurs équipes de recherche en synthèse bio-organique et en chimie médicinale. En effet, une étude bibliographique a montré que ce type de composés possède des activités biologiques[30-33] importantes. Ainsi, ces structures sont présentes dans un grand nombre de composés naturels et synthétiques réputés pour leurs activités pharmacologiques intéressantes. Mais malgré cette importance qui caractérise ces composés, les isoxazolidin-3-ones restent jusqu'à ce jour peu décrites dans la littérature et par conséquent difficiles d'accès.

Nous citons dans ce qui suit quelques exemples de molécules d'isoxazolidin-3-ones ayant des propriétés pharmacologiques intéressantes.

- ✓ La D-cyclosérine[34] inhibe de manière compétitive l'alanine racémase. Cette enzyme permet la conversion de la L-alanine en D-alanine.
- ✓ La lactivicine[35] est la seule molécule non β-lactamique capable d'inhiber les PBP (Penicillin Binding Protein). PBP : enzymes responsables de la biosynthèse de la paroi bactérienne.
- ✓ Le Clomazone[36] est un herbicide de post-semi prélevé du colza d'hiver. Il est efficace contre les principales adventices du colza (graminées et dicotylédones).
- ✓ Le MKE[37] (Mitogène-Enzyme-Kinase) inhibiteur CH4897655 est un inhibiteur puissant de certaines enzymes responsables de la prolifération des cellules cancéreuses.

- ✓ La Pseudomonine[38] est un composé naturel utilisé comme antibiotique.
- ✓ THIP[39] est un stimulateur puissant du récepteur GABA (Acide gamma-amino butylique).

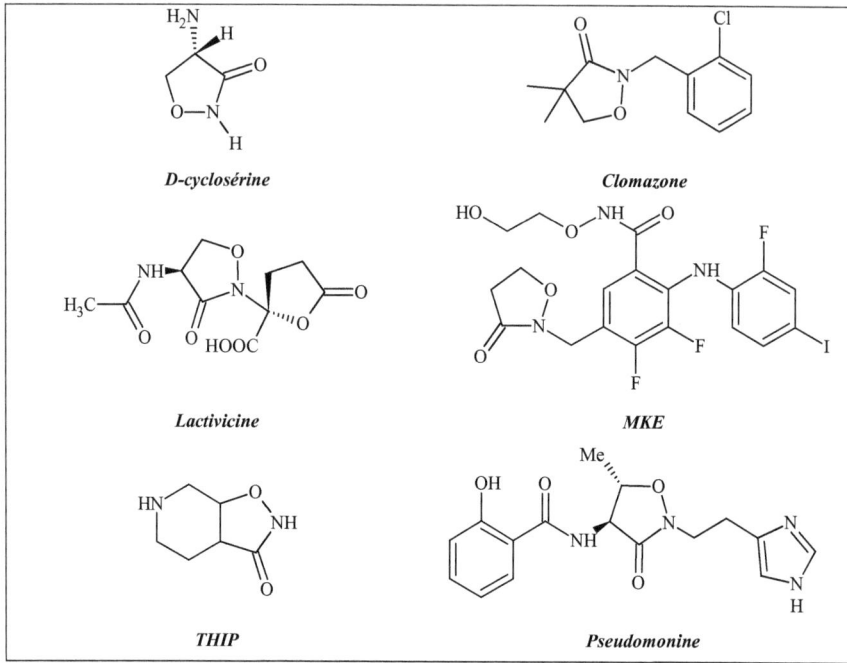

Figure II.2: *Exemples de molécules d'isoxazolidin-3-ones douées des propriétés biologiques.*

II.2.3. Aperçu bibliographique sur la synthèse des isoxazolidin-3-ones

Nous avons constaté que les travaux relatifs à la synthèse des isoxazolidin-3-ones, sont très peu cités dans la littérature. En plus, nous n'avons trouvé aucune synthèse qui décrit l'accès aux l'isoxazolidin-3-ones à partir des époxydes ou des aziridines. Nous citons dans ce qui suit quelques méthodes de synthèse des isoxazolidin-3-ones :

II.2.3.1. Synthèse à partir d'un acide carboxylique β-bromés

Kyongtae et coll.[40] ont pu accéder à ces hétérocycles par la réaction d'acides 3-aryl-3-bromopropanoïques avec le chlorure de thionyle dans l'éther. Les chlorures d'acide intermédiaires, formés dans le milieu réactionnel, sont mélangés avec deux équivalents de la benzylhydroxylamine à la température ambiante, pour donner directement les 5-aryl-2-benzylisoxazolidin-3-ones avec des rendements acceptables (Schéma II.13).

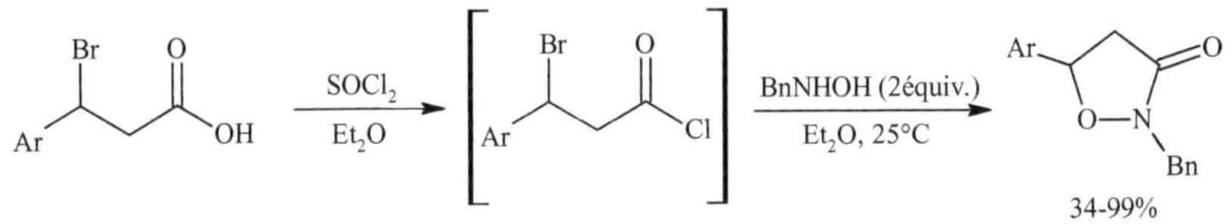

Schéma II.13

II.2.3.2. Synthèse à partir de 3-nitro-Δ²-isoxazolines

En 2003 l'équipe de Micheli[41] a développé la synthèse d'une isoxazolidin-3-one par transformation d'une isoxazoline en un dérivé benzyloxy correspondant. Ce dernier a été soumis ensuite à une hydrogénation catalytique (Schéma II.14). L'isoxazolidinone obtenue a permis d'accéder, après plusieurs étapes de synthèse, à de nouveaux ligands hétérocycliques.

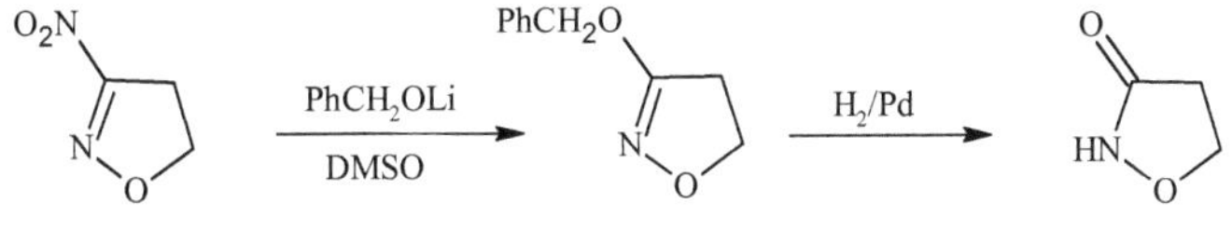

Schéma II.14

II.2.3.3. Synthèse à partir d'un alcène cyclique

Récemment, Dallanoce et coll.[42] ont mis au point une synthèse intéressante d'isoxazolidin-3-ones à partir d'oléfines bicycliques. Cette synthèse consiste en la condensation de la double liaison du composé bicyclique avec le dibromoformaldoxime en présence d'une base faible, pour fournir deux produits de cycloaddition régioisomères.

Après une séparation chromatographique, ces deux régioisomères sont mis à réagir séparément avec une suspension de NaOH dans l'acétone pendant 5 min au micro onde. Enfin un traitement par l'iodure de méthyle en milieu basique a permis d'accéder aux isoxazolidin-3-ones correspondantes (Schéma II.15).

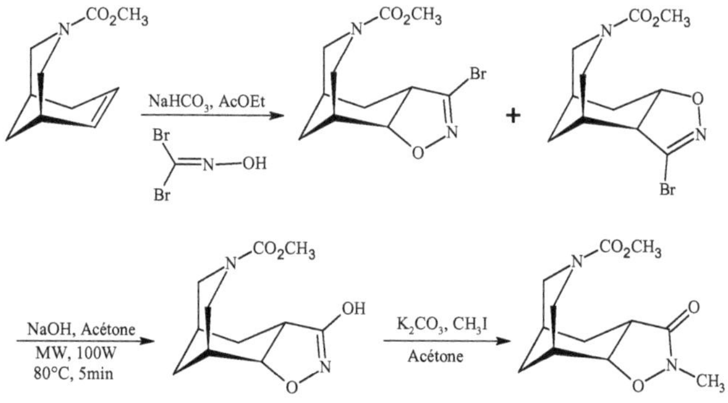

Schéma II.15

II.2.3.4. Synthèse à partir d'une dicétène

En 1980, l'équipe de Demoute[43] a montré que l'action du dicétène sur les hydroxylamines N-substituées, conduit à des dérivés cycliques du type isoxazolidin-3-one. Les auteurs ont supposé que la réaction passe par un intermédiaire acide hydroxamique N-substitué non isolable qui se cyclise spontanément en 5-hydroxy-5-méthylisoxazolidin-3-one (Schéma II.16).

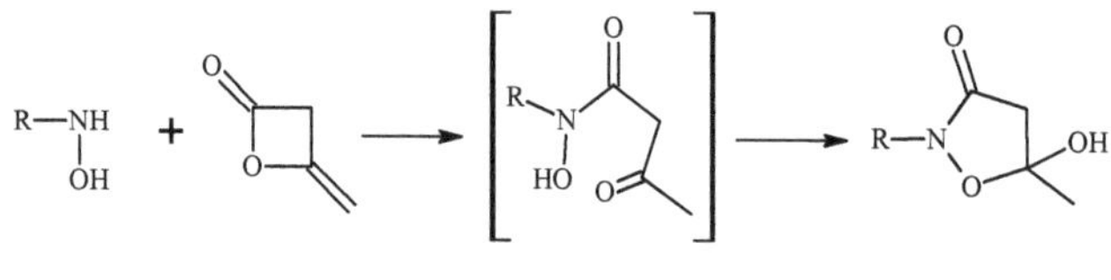

Schéma II.16

II.2.3.5. Synthèse à partir d'un hydroxyaminoester

Vu l'importance biologique de la D-cyclométrie, l'équipe de Park[44] a décrit en 2012 trois méthodes différentes pour accéder à cette molécule à partir d'un hydroxy aminoester N-protégé.

La première méthode consiste à transformer, dans une synthèse monotope, le méthylester de la D-sérine N-protégée en acide hydroxamique et à mésyler ensuite l'alcool primaire qui se cyclise en présence de DBU via une substitution nucléophile. Un traitement basique final permet de libérer la D-cyclosérine avec un rendement de 55% (Schéma II.17).

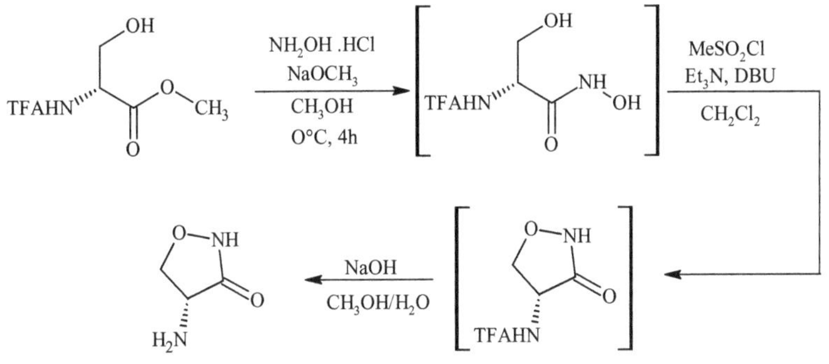

Schéma II.17

La deuxième méthode décrite, implique aussi une procédure monotope pour former la D-cyclosérine. Dans cette synthèse, le groupe hydroxyle de l'aminoester N-protégé est transformé en un alcoxyphtalimide, selon la réaction de Mitsunobu, en présence de PPh$_3$ et de DEAD. Le traitement par l'hydrazine permet de déprotéger le groupe phtalimide et la formation d'un groupe aminoxy. Enfin, la cyclisation en présence de KCN dans un mélange méthanol/dichlorométhane et la déprotonation du groupe TFA par NaOH, conduisent à la molécule cible avec un rendement de 85% (Schéma II.18).

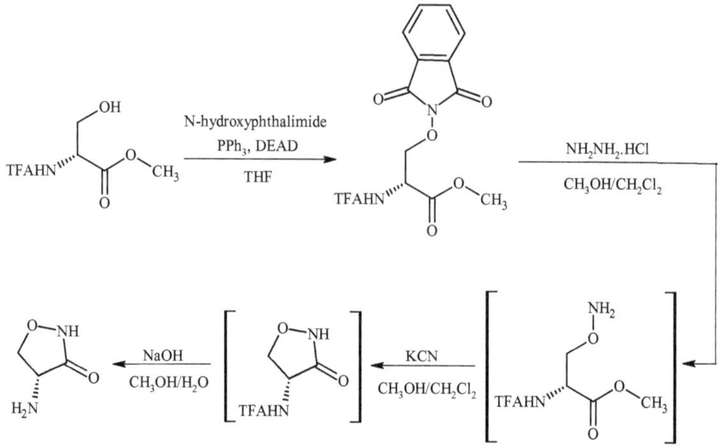

Schéma II.18

Au cours de la troisième méthode, les auteurs ont procédé par une bromation de l'alcool primaire du chlorhydrate de la D-sérine méthylester en utilisant le bromure de thionyle en présence du DMF comme catalyseur. Ensuite, le dérivé bromé ainsi obtenu est traité par l'hydrochlorure d'hydroxylamine en présence d'une base pour conduire conjointement à la formation de la D-cyclosérine souhaitée et de la déhydroalanine. Les auteurs ont montré que les rendements des deux produits, ainsi obtenus au cours de cette dernière étape, sont influencés par la nature de la base utilisée (Schéma II.19).

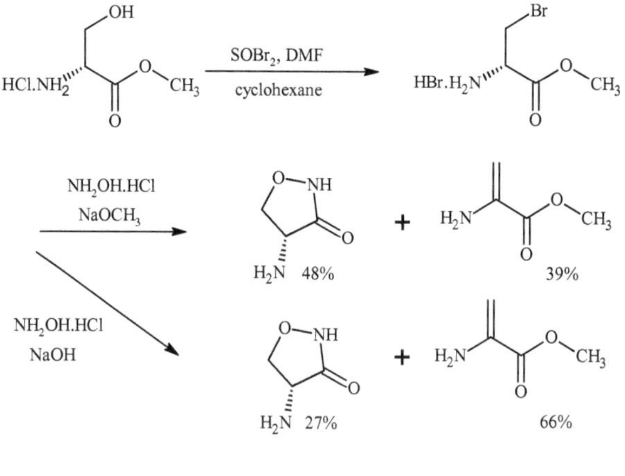

Schéma II.19

II.3. Travail personnel et discussion

II.3.1. Synthèse d'isoxazolidin-3-ones à partir des β-arylglycidates d'éthyle et des aziridine-2-carboxylates d'éthyle

Après avoir réussi, dans le chapitre précédent, l'ouverture des β-arylglicidates d'éthyle par l'atome d'azote des N-alkylhydroxylamines, il nous a paru intéressant d'utiliser, dans le présent travail, les anions des N-alkylhydroxylamines afin d'ouvrir les cycles époxydiques et aziridiniques, par l'atome d'oxygène de ces anions. Cette réaction devrait nous permettre d'accéder à de nouveaux enchaînements, susceptibles de conduire par intracyclisation à diverses isoxazolidin-3-ones.

Le premier essai a été réalisé avec le β-phénylglycidate d'éthyle et l'anion de la N-méthylhydroxylamine, en modifiant légèrement les conditions opératoires déjà utilisées dans le chapitre précédent. En effet, en utilisant deux équivalents du tertiobutylate de potassium, nous avons pu ainsi libérer la N-méthylhydroxylamine de son chlorydrate et arracher en même temps le proton de l'hydroxyle pour former l'anion de l'hydroxylamine (Schéma II.20).

$$\overset{\oplus}{R}NH_2OH, Cl^- \xrightarrow[tBuOH]{2 \text{ équiv. } tBuO^{\ominus}, K^{\oplus}} RNH\text{-}O^{\ominus}, K^{\oplus} + KCl$$

Schéma II.20

Lorsque le β-phénylglycidate d'éthyle a été additionné à l'anion de l'hydroxylamine, nous avons observé, après un temps de contact assez long, la formation d'une petite quantité d'un nouveau produit ainsi que l'épuisement total de l'époxyde.

Nous avons pensé que ce résultat non satisfaisant de la réaction est dû probablement, plus à l'instabilité du réactif déprotoné qu'à une mauvaise réactivité. Aussi, avons-nous eu l'idée de déprotoner le chlorhydrate de l'hydroxylamine en présence du β-phénylglycidate d'éthyle **1a**. Ceci a rendu la réaction plus rapide et a permis de former l'isoxazolidin-3-one cible avec un rendement nettement meilleur. Ainsi, l'anion de l'hydroxylamine, formé dans ces conditions, a pu ouvrir le β-phénylglycidate d'éthyle **1a** par une attaque nucléophile de l'oxygène en trans sur le carbone C(3) du pont, réalisant ainsi une réaction régio- et stéréospécifique, conformément aux travaux réalisés précédemment. L'hydroxylamine O-alkylée formée a subit ensuite, une intracyclisation spontanée pour conduire à l'isoxazolidin-3-one **5a** (Schéma II.21).

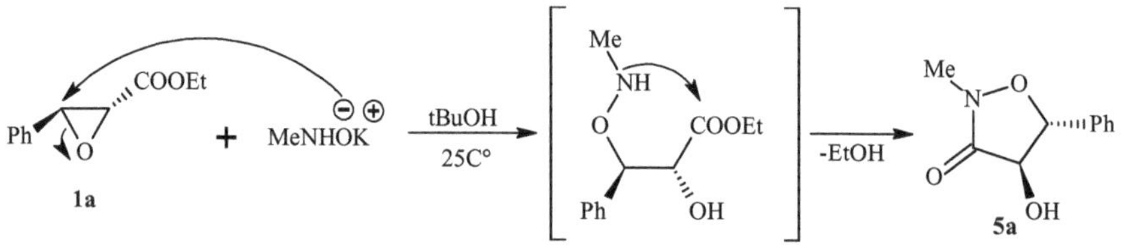

Schéma II.21

Les spectres RMN du ^{1}H et du ^{13}C du composé **5a** sont en accord avec la structure d'une isoxazolidinone. On y reconnaît tout les signaux caractéristiques de cette molécule, par contre nous n'avons aucune certitude concernant la position du carbonyle sur le cycle.

Cependant, l'enregistrement du spectre infrarouge de ce composé à permis de détecter la présence d'une bande de vibration intense vers 1670 cm^{-1} assimilable au vibrateur C=O d'une fonction amide. D'autre part, pour confirmer avec certitude ce résultat, nous avons été amenés à réaliser une RMN bidimentionnelle : La **HMBC**.

L'analyse du spectre de la RMN 2D HMBC de composé **5a** (Figure II.4) montre que le singulet vers 3,21 ppm correspondant aux protons du méthyle (CH$_3$), porté par l'atome d'azote, présente une seule tache de corrélation avec le carbone du carbonyle. Aussi, aucun couplage n'a été observé entre les protons de ce méthyle et les autres carbones de la molécule ni entre le carbone du méthyle et les protons portés par les autres carbones. Ce résultat confirme avec certitude la structure d'une isoxazolidin-3-one (Figure II.3).

Figure II.3 : Correlation proton-carbone

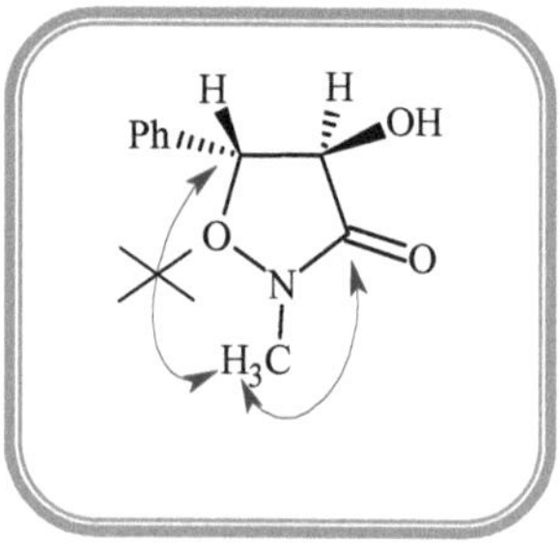

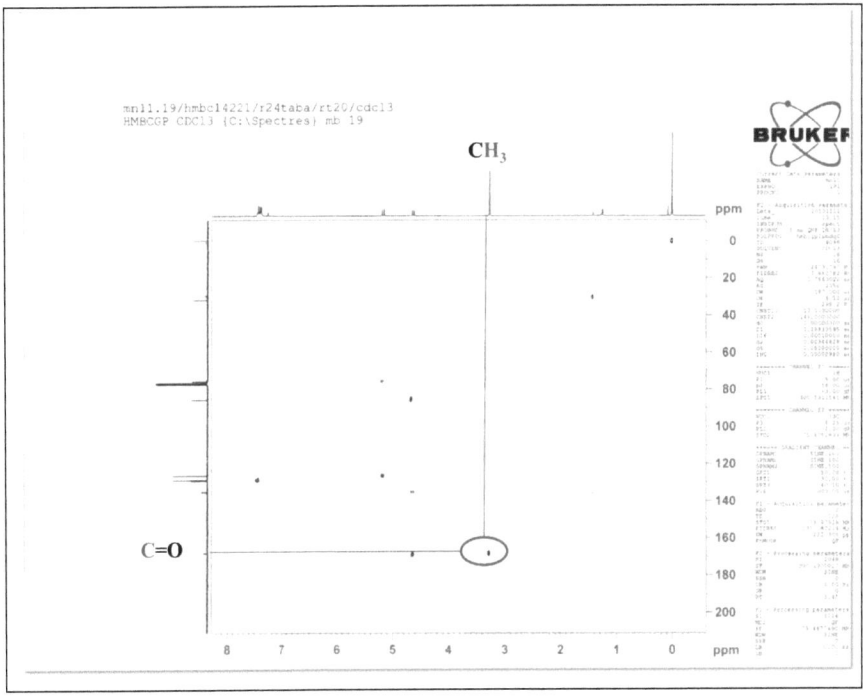

Figure II.4 Spectre RMN bidimensionnelle HMBC du composé 5a

Il est important de signaler que cette réaction est hautement chimiosélective puisqu'aucune trace d'un produit indésirable, résultant d'une éventuelle attaque sur la fonction ester du substrat, n'a été détectée. Nous avons constaté aussi que la constante de couplage entre les deux protons portés, respectivement par le carbone C4 et C5 est égale à 9,6 Hz ce qui confirme d'après la littérature[45] (J_{cis} = 5-6 Hz, J_{trans} = 10-12 Hz) la configuration *trans* de l'isoxazolidin-3-one **5a** (Figure II.5).

Figure II.5 : trans-isoxazolidin-3-one 5a

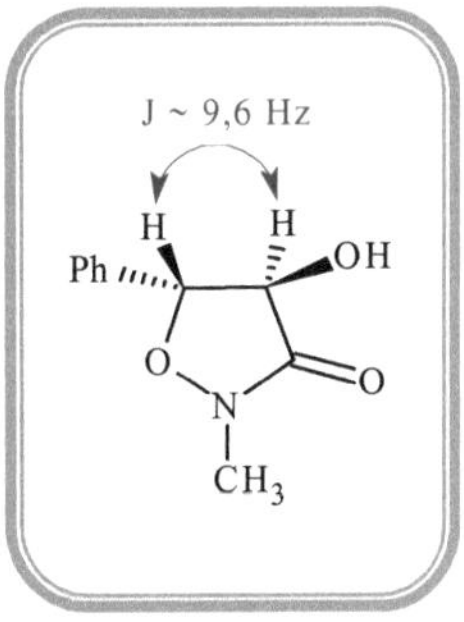

Ce résultat encourageant nous a incités à généraliser cette réaction en diversifiant les β-arylglycidates d'éthyle et les N-alkylhydroxylamines (Schéma II.22). Les différentes 4-hydroxyisoxazolidin-3-ones, synthétisées au cours de ce travail, sont regroupées dans le tableau II.2.

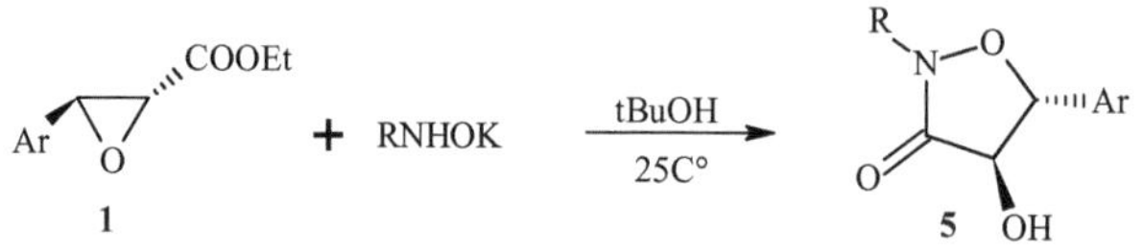

Schéma II.22

Tableau II.2 : Synthèse des isoxazolidin-3-ones 5(a-f)

Entrée	Produit	R	Ar	Temps (min)	Rdt (%)
1	5a	Me	Ph	10	89
2	5b	Me	p-MeC$_6$H$_4$	40	77
3	5c	Me	p-ClC$_6$H$_4$	20	80
4	5d	Bn	Ph	30	30
5	5e	Me	p-NO$_2$C$_6$H$_4$	40	traces
6	5f	tBu	Ph	40	traces

D'après les résultats du tableau II.2, lorsque R est un méthyle (entrées 1, 2 et 3), les isoxazolidin-3-ones sont obtenues avec d'excellents rendements. Par contre, lorsque R est plus encombré (entrée 4 et 6) ou c'est le phényle qui est substitué par un groupe nitro (entrée 5), les rendements chutent considérablement. Il est clair que la nature des substituants portés par l'anion de l'hydroxylamine ou par le groupe aromatique peuvent influencer le résultat de la réaction en terme de rendement. Notons que ces mêmes constatations ont été faites lors de l'étude de la réaction des β-arylglycidates d'éthyle avec les N-alkylhydroxylamines neutres.

En partant du fait que les azridines et les époxydes, qui se rapprochent structurellement, possèdent des réactivités plus ou moins similaires, notre objectif est de faire réagir les aziridine-2-carboxylates **4** avec les anions des hydroxylamines, en vue de synthétiser de nouvelles isoxazolidin-3-ones portant un groupe alkylamino en postion 4. En effet, nous avons exposé la N-isopropylaziridine-2-carboxylate **4a** à l'anion de la N-méthylhydroxylamine, dans les mêmes conditions opératoires adoptées pour les β-arylglycidates d'éthyle **1**. La réaction a conduit à une 4-isopropylaminoisoxazolidin-3-one **6a** attendue, au bout de 5 min avec un rendement de 82 % (Schéma II.23).

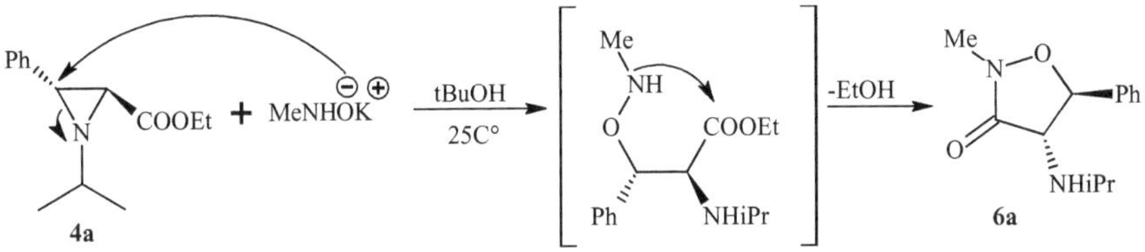

Schéma II.23

D'après la structure de **6a**, il est evident que la réaction a nécessité une ouverture nucléophile régio-, chimio et stéréospécifique sur le carbone benzylique de l'aziridine **4a** par l'atome d'oxygène de l'anion hydroxylamine, accompagnée d'une inversion de la configuration de ce carbone. Une cyclisation intramoléculaire spontanée a fourni la trans-isoxazolidin-3-one **6a**.

La réaction a été généralisée par la suite sur la série des aziridines-2-carboxylates **4(a-g)** et les différentes 4-alkylaminoisoxazolidin-3-ones **6(a-i)** synthétisées (Schéma II.24), ont été regroupées dans le tableau II. 3.

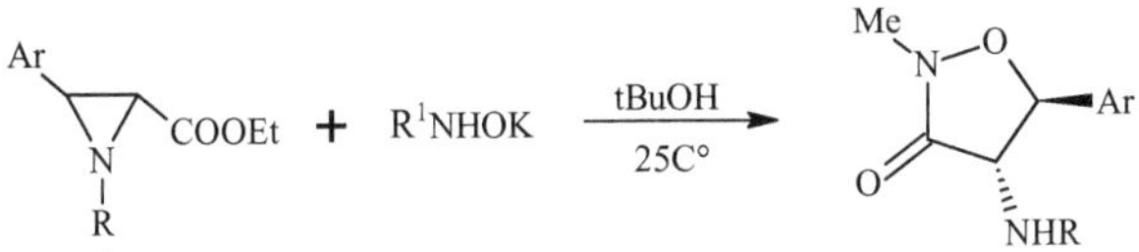

Schéma II.24

Tableau II.3 : Synthèse des 4-alkylaminoisoxazolidin-3-ones 6 (a-j)

Entrée	Produit	R	R^1	Ar	temps (min)	Rdt (%)
1	6a	i-C_3H_7	Me	Ph	10	80
2	6b	$CH(CH_3)C_6H_5$	Me	Ph	5	80
3	6c	c-C_5H_9	Me	Ph	5	89
4	6d	c-C_8H_{15}	Me	Ph	5	90
5	6e	i-C_3H_7	Me	p-ClC_6H_4	5	96
6	6f	c-C_5H_9	Me	p-ClC_6H_4	5	85
7	6g	c-C_8H_{15}	Me	p-ClC_6H_4	5	87
8	6h	i-C_3H_7	Bn	Ph	20	-
9	6i	i-C_3H_7	tBu	Ph	20	traces

Comme le montre la liste des composés synthétisés, ces derniers sont obtenus avec d'excellents rendements dans la majorité des cas (entrées 1-7). Conformément à nos attentes, cette réaction n'a pas été différente des précédentes puisqu'elle a été aussi influencée par l'encombrement stérique causé par le groupe alkyle, porté par l'hydroxylamine (entrées 8 et 9) ou elle a pratiquement échouée. D'autre part, l'isoxazolidin-3-ones **6b** est obtenue, sous la forme d'un mélange de deux diastéréoisomères (α+β), difficilement séparables par chromatographie sur colonne de gel de silice. Ainsi, les différentes analyses spectroscopiques ont été effectuées sur ce mélange.

II.3.2. Essai d'ouverture et d'expansion du cycle aziridinique par la N-méthylhydroxylamine neutre

En faisant ces essais, notre but au départ était d'accéder à une isoxazolidin-5-one à partir de la N-isopropylaziridine-2-carboxylate **4a**. Nous avons adopté alors le même mode opératoire utilisé avec les β-arylglicidates d'éthyle (libération de la N-alkylhydroxylamine de son sel et addition de l'époxyde au reflux du tertiobutanol). En travaillant dans ces conditions, la réaction n'a pas évolué et nous n'avons pas pu isoler l'isoxazolidin-5-one attendue, même en prolongeant le temps de contact (Schéma II.24).

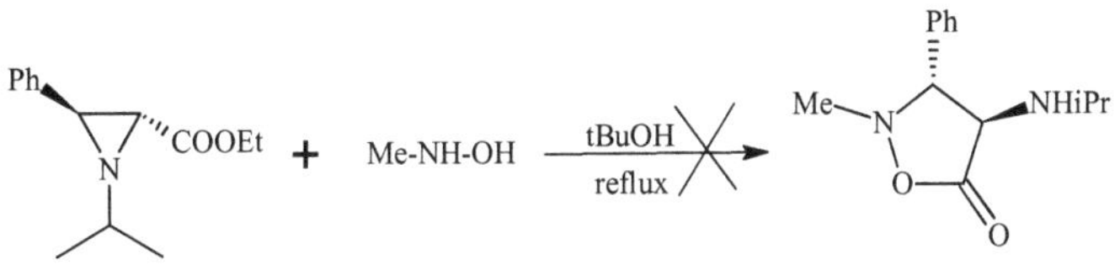

Schéma II.24

Cet échec était plus ou moins attendu car il est connu que l'ouverture des aziridines nécessite généralement une activation de ces petits cycles. Ceci nous a conduit à catalyser notre réaction par le BF$_3$.Et$_2$O afin de polariser la liaison C-N du cycle aziridinique et faciliter son ouverture. Pour ce faire, nous avons mélangé une quantité catalytique de BF$_3$.Et$_2$O avec l'aziridine-2-carboxylate d'éthyle **4a**, ensuite nous avons additionné la N-méthylhydroxylamine au milieu réactionnel après avoir traitée son sel par le K$_2$CO$_3$ dans l'éther. Le mélange a été porté ensuite, à un chauffage doux, mais même après un temps de contact assez prolongé nous n'avons pas pu isoler le produit souhaité.

Vu la température d'ébullition de l'éther diéthylique assez basse, il nous a paru utile de remplacer ce solvant par un autre, ayant une température d'ébullition plus élevée. Ceci permettrait, éventuellement, de faciliter l'attaque nucléophile de l'atome d'azote de l'hydroxylamine sur le cycle aziridinique et de favoriser ensuite l'étape d'intracyclisation de l'intermédiaire formé. Plusieurs essais ont été réalisés en utilisant différents solvants (tBuOH, Et$_2$O, EtOH, CH$_3$CN), ainsi que différentes bases (tBuOK, Na$_2$CO$_3$, EtONa) ont été testées pour libérer l'hydroxylamine de son sel. En effet, lorsque la réaction a été reprise en chauffant le mélange réactionnel au reflux de l'acétonitrile, nous avons pu observer la formation d'un nouveau produit et ceci après un temps de contact assez prolongé (tableau II.4).

Tableau II.4 : Optimisation des conditions opératoires de la réaction d'ouverture de l'aziridine 4a par la N-méthylhydroxylamine neutre

Produit	Solvant	Base	Temps (h)	Rdt (%)
–	tBuOH	tBuOK	–	–
–	Et_2O	Na_2CO_3	–	–
6a	CH_3CN	Na_2CO_3	120	72
6a	EtOH	EtONa	96	80

Après avoir réalisé une étude spectroscopique assez détaillée du produit ainsi formé, nous avons constaté qu'il s'agit d'une isoxazolidin-3-one et non pas d'une isoxazolidin-5-one.

Ce résultat inattendu peut être rationalisé par un mécanisme (Schéma II.25) qui procède par une première attaque nucléophile du groupe ester de l'aziridine par l'atome d'azote de la N-méthylhydroxylamine. Cette attaque se produit, à priori, avant l'ouverture du cycle aziridinique. Ensuite, c'est l'atome d'oxygène de l'hydroxylamine qui ouvre le cycle de l'aziridine et le transforme en isoxazolidin-3-one **4a**. Ceci est en accord avec un mécanisme décrit par Dermer[46] pour la synthèse des isoxazolidin-3-ones. Notons que des hydroxylamines plus encombrées comme la N-tBu- et la N-benzylhydroxylamine ont été testées et n'ont pas donné de résultats concluants.

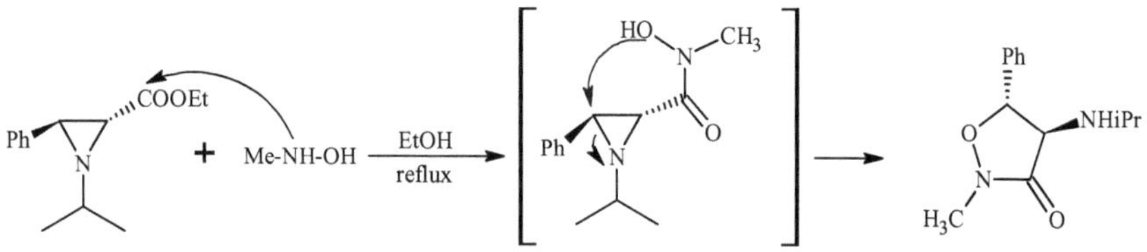

Schéma II.25

II.4. Conclusion

Après avoir préparé une série d'aziridine-2-carboxylates de configuration *trans* à partir de leurs homologues les β-arylglycidates d'éthyle, nous avons souhaité exploré leurs potentiels synthétiques en développant une nouvelle voie d'accès aux 4-hydroxy et 4-alkylamino isoxazolidin-3-ones, en faisant réagir ces petits hétérocycles oxygénés et azotés sur les anions des N-alkylhydroxylamines. A travers cette synthèse inédite, nous avons pu inverser l'ordre de réactivité des deux centres nucléophiles des hydroxylamines utilisées. Nous avons montré aussi que les aziridine-2-carboxylates et les β-arylglycidates possèdent une réactivité similaire lorsqu'ils sont opposés aux anions des hydroxylamines, mais cette réactivité devient différente face à ces binucléophiles lorsqu'ils sont neutres. Notons que l'introduction d'un groupe benzyle ou tert-butyle sur l'atome d'azote de l'hydroxylamine, conduit à des taux de conversion presque nuls.

II.5. Partie expérimentale

II.5.1. Préparation des aziridine-2-carboxylates 4 (a-g)

Procédure générale

A une solution d'aminoalcool 3a (0,5g), dans 15mL de dichlorométhane, on ajoute 2,4 équivalents de triéthylamine (2 mmol), puis 1,8 équivalents de chlorure de mésyle goutte à goutte à très basse température (-50°C). L'agitation est maintenue pendant 30 minutes à la température ambiante. Après épuisement du produit de départ, le solvant est évaporé et le résidu est chromatographié sur colonne de gel de silice en utilisant l'hexane et l'acétate d'éthyle (9:1) comme éluant.

2-éthoxycarbonyl-3-phényl-1-isopropylaziridine 4a

Rdt: 85%

Formule brute: $C_{14}H_{19}NO_2$

Masse molaire: 233

IR (cm^{-1}): 1720 (C=O).

RMN ^{1}H (300 MHz CDCl$_3$) δ : h, i: 0,96 (signal large, 3H); 1,11 (d, 3H, J = 6,0 Hz); a: 1,23 (t, 3H, J = 7,5 Hz); d: 2,64 (signal large,1H); g: 2,96 (signal large, 1H); e: 3,11 (signal large, 1H); b: 4,14 (m, 2H); f: 7,22-7,25 (m, 5H).

RMN ^{13}C (75 MHz CDCl$_3$) δ : a: 14,1; h et i: 22,0; 22,6; e: 44,5; d: 47,7; g: 51,0; b: 61,0; f: 126,4; 127,4; 128,2 (CH arom); 138,8 (C arom) ; c: 168,9.

SMHR calculée pour $C_{14}H_{19}NO_2H$ [M+H]$^+$: 234,1876; trouvée: 234,1861.

2-éthoxycarboxyl-3-phényl-1-(α-méthylbenzyl)aziridine 4b

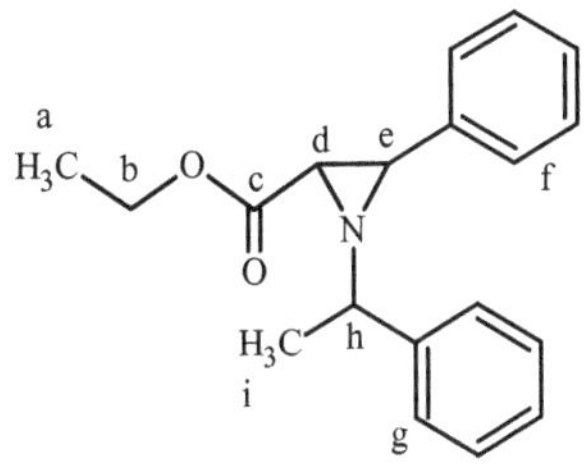

Rdt: 85%

Formule brute: $C_{19}H_{21}NO_2$

Masse molaire: 295

IR(cm^{-1}) : 1739 (C=O)

SMHR calculée pour $C_{19}H_{21}NO_2$ [M+H]$^+$: 296,1975; trouvée: 296,1971.

Isomère α:

RMN ^{1}H (300 MHz CDCl$_3$) δ : a: 0,98 (signal large, 3H); i: 1,46 (d, 3H, J = 6,0 Hz); d: 2,69 (signal large, 1H); e: 3,39 (signal large, 1H); b: 3,94 (m, 2H); h: 4,08 (signal large, 1H); f, g: 7,15-7,43 (m, 10H).

RMN ^{13}C (75 MHz CDCl$_3$) δ : a: 14,0; i: 24,3; e: 45,1; d: 48,1; b: 59,7; h: 60,9; f, g: 126,5; 126,9; 126,9; 127,5; 128,1; 128,4 (CH arom); 138,8; 144,6 (C arom); c :168,6.

Isomère β:

RMN ^{1}H (300 MHz CDCl$_3$) δ :

a, i: 1,10-1,35 (m, 6H); d: 2,83 (signal large, 1H); e: 3,23 (signal large, 1H); h: 4,10 (signal large, 1H); b: 3,23 (m, 2H); f, g: 7,20-7,43 (m, 10H).

RMN ^{13}C (75 MHz CDCl$_3$) δ :

a : 13,9; i : 23,3; e: 44,6; d: 47,8; b: 59,3; h: 61,0; f, g: 126,2; 126,7; 126,8; 126,9 ; 128,1 (CH arom) ; 138,2; 144,6 (C arom); c: 168,8.

2-éthoxycarboxyl-3-phényl-1-cyclopentylaziridine 4c

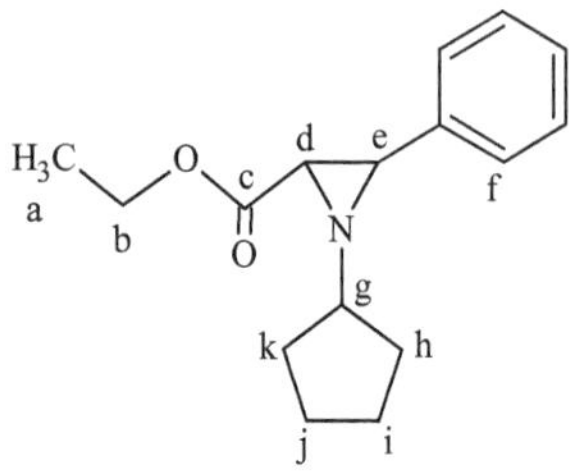

Rdt: 71%

Formule brute: $C_{16}H_{21}NO_2$

Masse molaire: 259

IR (cm^{-1}): 1724 (C=O).

RMN ^{1}H (300 MHz CDCl$_3$) δ : a: 1,28 (t, 3H, J = 7,1 Hz); h, i, j, k: 1,50-1,89 (m, 8H); d: 2,65 (signal large, 1H); e: 3,22 (signal large, 1H); g: 3,36 (signal large, 1H); b: 4,17-4,25 (m, 2H); f: 7,15-7,30 (m, 5H).

RMN ^{13}C (75 MHz CDCl$_3$) δ : a: 13,2; i, j, k, h: 23,5; 32,4; e: 43,7; d: 47,2; b, g: 60,0; 60,8; f: 125,3; 126,3; 127,5 (CH arom); 137,9 (C arom); c: 167,8.

SMHR calculée pour $C_{16}H_{21}NO_2$ [M+H]$^+$: 260,1876; trouvée: 260,1871.

2-éthoxycarbonyl-3-phényl-1-cyclohexylaziridine 4d

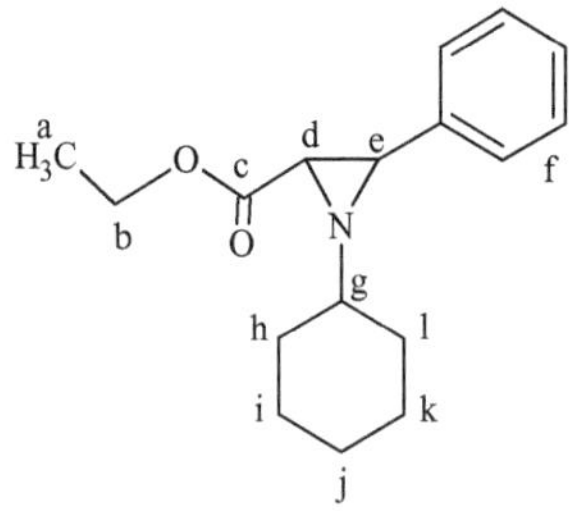

Rdt: 80%

Formule brute: $C_{17}H_{23}NO_2$

Masse molaire: 273

IR (cm⁻¹): 1724 (C=O).

RMN ¹H (300 MHz CDCl₃) δ : a: 1,28 (t, 3H, J = 7,5 Hz); i, j, k: 1,20-1,59 (m, 6H); h, l: 1,68-1,83 (m,4H); d: 2,69 (signal large ,1H); g: 2,71 (signal large, 1H); e: 3,19 (signal large, 1H); b: 4,2 (q, 2H, J = 7,5 Hz); f: 7,29 (m,5H).

RMN ¹³C (75 MHz CDCl₃) δ : a: 14,2; i, k, j: 24,2; 25,8; h, l : 32,4; 33,0; e: 43,9; d: 47,0; g: 58,4; b: 61,3; f: 126,4; 127,3; 128,0 (CH arom); 138,9 (C arom); c: 168,9.

SMHR calculée pour $C_{17}H_{23}NO_2$ [M+H]⁺: 274,1728; trouvée: 274,1730.

2-éthoxycarboxyl-3-phényl-1-cyclooctylaziridine 4e

Rdt: 88%

Formule brute: $C_{19}H_{27}NO_2$

Masse molaire: 301

IR (cm⁻¹): 1720 (C=O).

RMN ¹H (300 MHz CDCl₃) δ : a: 1,29 (t, 3H, J = 7,5 Hz); h, i, j, k, l, m, n: 1,39-180 (m, 14H); d: 2,69 (signal large, 1H); g: 2,95 (signal large, 1H); e: 3,21 (signal large, 1H); b: 4,11-4,26 (m, 2H); f: 7,28-7,30 (m, 5H).

RMN ¹³C (75 MHz CDCl₃) δ : a: 14,3; h, i, j, k, l, m, n: 24,1; 26,1; 27,4; e: 44,7; 32,5; 33,4; d: 48,2; g: 60,0; b: 61,2; f: 126,5; 127,5 ; 128,4 (CH arom); 139,2 (C arom); c: 169,3.

SMHR calculée pour $C_{19}H_{27}NO_2$ [M+H]⁺: 302,1720; trouvée: 302,1724.

2-éthoxycarboxyl-3-parachlorophényl-1-isopropylaziridine 4f

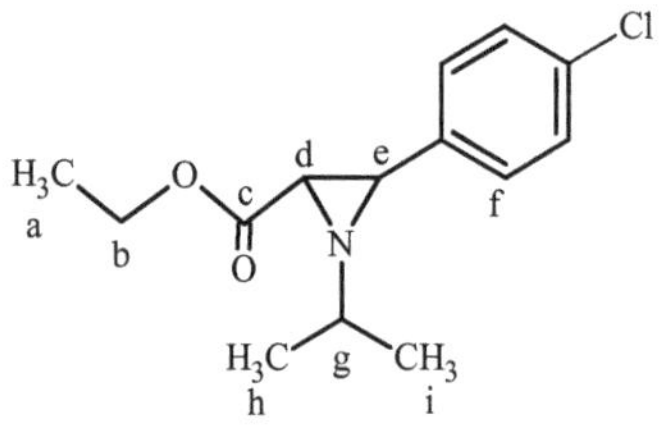

Rdt: 96%

Formule brute: $C_{14}H_{18}ClNO_2$

Masse molaire: 267

IR (cm^{-1}): 1700 (C=O).

RMN ^{1}H (300 MHz CDCl$_3$) δ: i, h: 0,94; 1,06 (2d, 6H, J = 6,0 Hz); a: 1,20 (t, 3H, J = 7,1 Hz); d: 2,57 (signal large, 1H); g: 2,93-2,89 (m, 1H); e: 3,06 (signal large, 1H); b: 4,07-4,18 (m, 2H); f: 7,08-7,21 (m, 4H).

RMN ^{13}C (75 MHz CDCl$_3$) δ: a: 14,2; h, i: 22,0; 22,6; g: 44,6; d: 46,8; e: 61,2; f: 127,7; 128,4 (CH arom); 137,4 (C arom); 137,4 (C arom); c: 168,6.

SMHR calculée pour $C_{14}H_{18}ClNO_2$ [M]$^+$: 267,1726; trouvée: 267,1729.

2-éthoxycarboxyl-3-p-chlorophényl-1-cyclopentylaziridine 4g

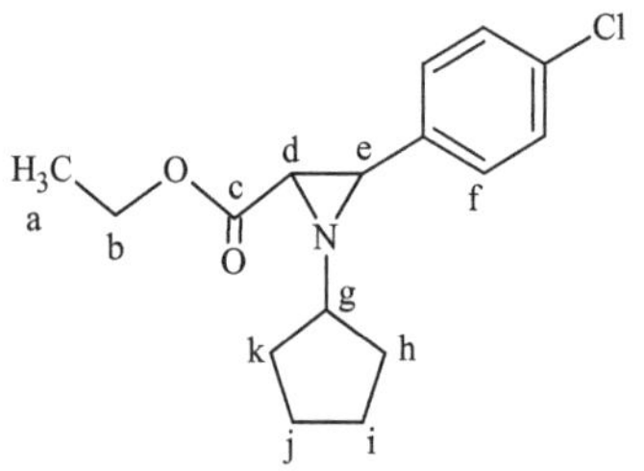

Rdt: 89 %

Formule brute: $C_{16}H_{20}ClNO_2$

Masse molaire: 293

IR (cm^{-1}): 1712 (C=O).

RMN ¹H (300 MHz CDCl₃) δ : a: 1,23 (2d, 6H, J = 7,1 Hz); g, h, i, j:1,75-1,47 (m, 8H); d: 2,54 (signal large, 1H); e: 3,11 (signal large, 1H); g: 3,27 (signal large, 1H); b: 4,09-4,20 (m, 2H); f: 7,13-7,20 (m, 4H).

RMN ¹³C (75 MHz CDCl₃) δ : a: 14,3; h, i, j, k : 24,4; 32,4; 33,4; d: 44,9; e: 47,4; g: 61,2; b: 61,8; f: 127,7; 128,5 (CH arom); 133,0 (C arom); 137,4 (C arom); c: 168,7.

SMHR calculée pour $C_{16}H_{20}ClNO_2$ [M]⁺: 293,1974; trouvée: 293,1985.

II.5.2. Préparation des 4-hydroxyisoxazolidin-3-ones 5 a-d

Procédure générale :

A une solution du β-arylglycidate d'éthyle **1** (5 mmol) dans le tertiobutanol (10mL) et sous atmosphère d'azote, on ajoute un équivalent de N-alkylhydroxylamine et deux équivalents de tertiobutylate de potassium. La solution obtenue est agitée à la température ambiante pendant le temps indiqué dans le tableau II.2. Le solvant est évaporé et le résidu est chromatographié sur colonne de gel de silice en utilisant le mélange hexane/acétate d'éthyle (5:5) comme éluant.

4-hydroxy-2-méthyl-5-phénylisoxazolidin-3-one 5a

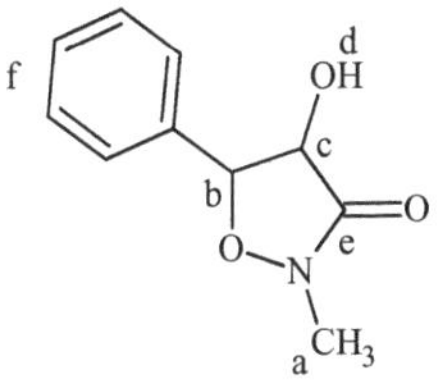

Rdt: 89 %
Formule brute: $C_{10}H_{11}NO_3$
Masse molaire: 193

IR (cm⁻¹): 1670 (C=O), 3063 (OH).

RMN ¹H (300 MHz CDCl₃) δ : a: 3,21 (s, 3H); d: 3,24 (signal large, 1H, OH); c: 4,56 (d, 1H, J = 9,6 Hz); b: 5,11 (d, 1H, J = 9,6 Hz); f: 7,31-7,39 (m, 5H).

RMN ¹³C (75 MHz CDCl₃) δ : a: 31,8; c: 75,9; b: 85,7; f: 126,4; 128,8; 129,2 (CH arom) 135,3 (C arom); e: 168,4.

SM m/z (I%): 135 (100), 107 (65), 91 (52), 79 (35), 32 (43).

SMHR calculée pour C₁₀H₁₁NO₃ [M]⁺: 193,0739; trouvée: 193,0736.

4-hydroxy-2-méthyl-5-p-chlorophénylisoxazolidin-3-one 5b

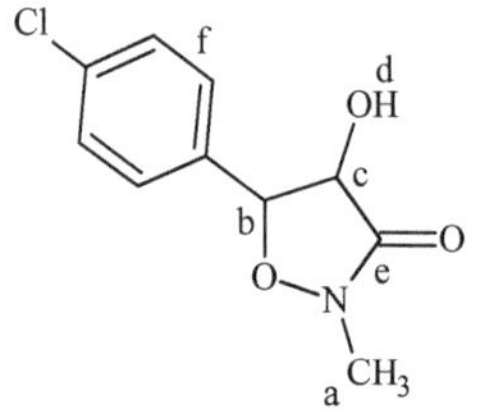

Rdt: 80 %

Formule brute: $C_{10}H_{10}NClO_3$

Masse molaire: 227

IR (cm⁻¹): 1680 (C=O), 3350 (OH).

RMN ¹H (300 MHz CDCl₃) δ : d: 1,20 (signal large, 1H, OH); a: 3,29 (s, 3H); c: 4,67 (d, 1H, J = 9,7 Hz); b: 5,20 (d, 1H, J = 9,7 Hz); f: 7,39-7,45 (m, 4H).

RMN ¹³C (75 MHz CDCl₃) δ : a: 31,8; c: 75,8; b: 85,8; f: 126,5; 128,8; 129,2 (CH arom); 135,3 (C arom); e: 168,44.

SM m/z (I%): 193 (15), 118 (40), 91 (100), 77 (23), 32 (8).

SMHR calculée pour C₁₀H₁₀ClNO₃ [M]⁺: 227,0349; trouvée: 227,0343.

4-hydroxy-2-méthyl-5-p-méthylphénylisoxazolidin-3-one 5c

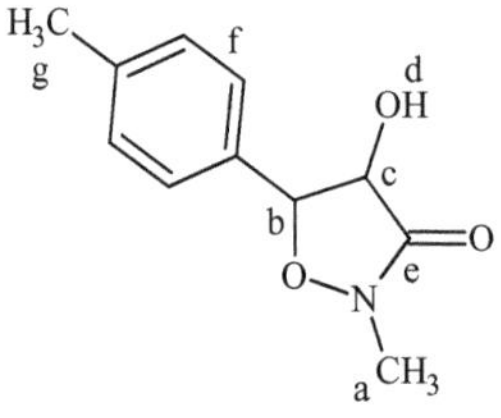

Rdt: 77 %

Formule brute: $C_{11}H_{13}NO_3$

Masse molaire: 207

IR (cm⁻¹): 1680 (C=O), 3350 (OH).

RMN ¹H (300 MHz CDCl₃) δ : d: 1,3 (signal large, 1H, OH); g: 2,35 (s, 3H), a: 3,25 (s, 1H); c: 4,65 (d, 1H, J = 9,7 Hz), b: 5,13 (d, 1H, J = 9,7 Hz); f: 7,19; 7,32 (2d, 4H, J = 8,0 Hz).

RMN ¹³C (75 MHz CDCl₃) δ : g: 21,5; a: 34,3; c: 75,9; b: 85,7; f: 128,1; 129,2 (CH arom); 135,9; 137,8 (C arom); e: 168,5.

SM m/z (I%): 207 (M,11), 132 (55), 105 (100), 91 (33), 77 (16), 32 (13);

SMHR calculée pour C₁₁H₁₃NO₃ [M]⁺: 207,0895; trouvée: 207,0890.

4-hydroxy-2-benzyl-5-phénylisoxazolidin-3-one 5d

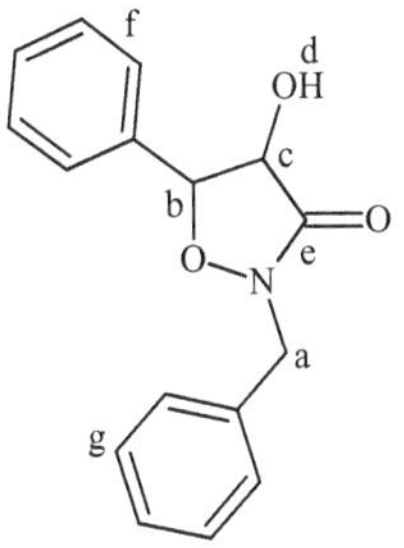

Rdt: 30 %

Formule brute: $C_{16}H_{15}NO_3$

Masse molaire: 269

IR (cm⁻¹): 1688 (C=O), 3354 (OH).

RMN ¹H (300 MHz CDCl₃) δ : d: 1,3 (signal large, 1H, OH); c: 4,67 (d, 1H, J = 9,9 Hz), a: 4,72; 4,87 (2d, 2H, J = 15,5 Hz); b: 5,12 (d, 1H, J = 9,9 Hz); f, g: 7,34-7,36 (m, 10H).

RMN ¹³C (75 MHz CDCl₃) δ : a: 48,0; c: 70,1; b: 84,9; g, f: 125,5; 127,2; 128,1; 129,6 (CH arom); 133,3; 134,2 (C arom); e: 167,4.

SM m/z (I%): 269 (M,7), 91 (100), 77 (9), 32 (6).

SMHR calculée pour C₁₆H₁₅NO₃ [M]⁺: 269,1051; trouvée: 269,1049.

II.5.3. Préparation des 4-alkylaminoisoxazolidin-3-ones 6 (a-g)

Procédure générale :

A une solution d'aziridine-2-carboxylate (5 mmol) dans le tertiobutanol (10 mL) et sous atmosphère d'azote, on ajoute un équivalent de N-alkylhydroxylamine et deux équivalents de tertiobutylate de potassium. La solution est agitée à la température ambiante pendant 5 minutes. Le solvant est évaporé et le résidu est chromatographié sur colonne de gel de silice en utilisant le mélange hexane/acétate d'éthyle (4:6) comme éluant.

4-isopropylamino-2-méthyl-5-phénylisoxazolidin-3-one 6a

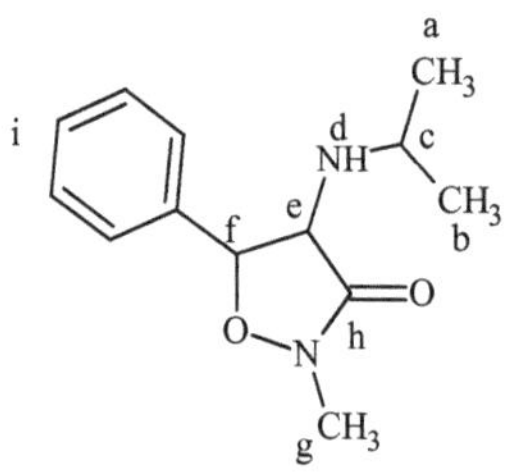

Rdt: 80 %

Formule brute: $C_{13}H_{18}N_2O_2$

Masse molaire: 234

IR (cm^{-1}): 1704 (C=O), 2999 (NH).

RMN ^{1}H (300 MHz CDCl$_3$) δ : a, b: 0,80; 0,89 (2d, 6H, J = 6,3 Hz); d: 1,98 (signal large, 1H, NH); c: 2,74-2,83 (m, 1H); g: 3,20 (s, 3H); e: 3,79 (d, 1H, J = 10,1 Hz); f: 4,96 (d, 1H, J = 10,1 Hz); i: 7,32-7,42 (m, 5H).

RMN ^{13}C (75 MHz CDCl$_3$) δ : a, b: 22,5; 23,4; c: 31,9; g: 47,9; e: 64,3; f: 87,7; i: 127,2; 128,8; 129,3 (CH arom); 136,0 (C arom); h: 168,9.

SM m/z (I%): 161(23), 146 (40), 129 (24), 117 (26), 112 (100), 77 (37), 68 (34), 51 (48), 41 (53);

SMHR calculée pour $C_{13}H_{19}N_2O_2$ [M+H]$^+$: 235,1446; trouvée: 235,1445.

4-(α-méthylbenzylamino)-2-méthyl-5-phénylisoxazolidin-3-one 6b

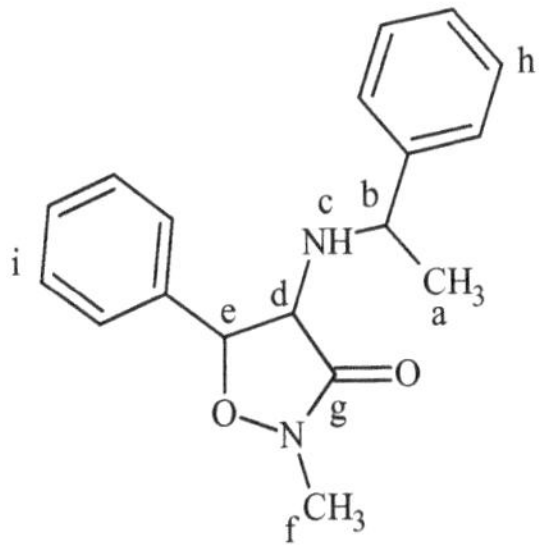

Rdt: 80 %

Formule brute: $C_{18}H_{20}N_2O_2$

Masse molaire: 296

IR (cm^{-1}): 1704 (C=O), 2999 (OH).

SM m/z (I%): 295(M-H, 2), 175 (10), 159 (24), 131 (40), 105 (100), 91 (35), 77 (40), 51 (15).

SMHR calculée pour $C_{18}H_{21}N_2O_2$ [M+H]$^+$: 297,1603; trouvée: 297,1601.

Isomère α:

RMN ^{1}H (300 MHz CDCl$_3$) δ : a: 1,23 (d, 3H, J = 6,6 Hz); c: 2,05 (signal large, 1H, NH), f: 3,13 (s, 3H); d: 3,61 (d, 1H, J = 10,2 Hz); b: 4,14 (q, 1H, J = 6,6 Hz); e: 4,79 (d, 1H, J = 10,2 Hz), h; i: 7,09-7,26 (m,10H).

RMN ^{13}C (75 MHz CDCl$_3$) δ : a: 24,8; f: 31,8; b: 56,9; d: 64,1; e : 86,5; h, i: 126,9; 127,2; 127,7; 128,2; 128,5; 128,7 (CH arom); 135,8; 144,5 (C arom); g: 169,9.

Isomère β:

RMN ^{1}H (300 MHz CDCl$_3$) δ : a: 1,18 (d, 3H, J = 6,7 Hz); c: 2,05 (signal large, 1H, NH); f: 3,13 (s, 3H), b: 3,45 (q, 1H, J = 6,7 Hz), d: 3,56 (d, 1H, J = 10,3 Hz); e: 4,96 (d, 1H, J = 10,3 Hz); h, i: 7,00-7,09 (m,10H).

RMN ^{13}C (75 MHz CDCl$_3$) δ : a: 24,4; f: 31,8; b: 56,0; d: 63,4; e: 88,10; h, i: 126,4; 126,9; 127,0; 128,50; 129,0; 129,4 (CH arom); 135,8; 144,0 (C arom); g: 168,7.

4-cyclopentylamino-2-méthyl-5-phénylisoxazolidin-3-one 6c

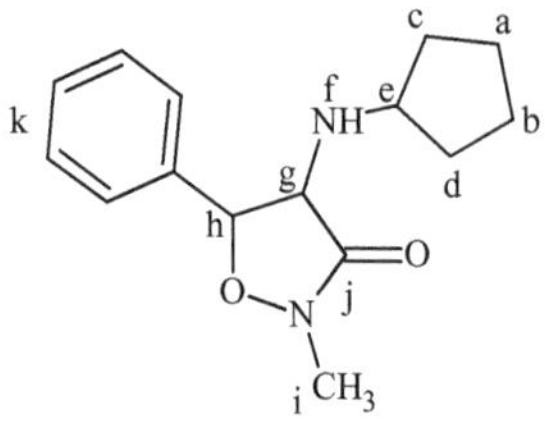

Rdt: 89 %

Formule brute: C$_{15}$H$_{20}$N$_2$O$_2$

Masse molaire: 260

IR (cm^{-1}): 1700 (C=O), 2999 (OH).

RMN ^{1}H (300 MHz CDCl$_3$) δ : a, b: 0,90-0,93 (m, 4H); c, d: 1,89-1,92 (m, 4H); i: 3,09 (s, 3H); e, g: 4,05-4,12 (m, 2H); h: 5,23 (d, 1H, *J* = 7,1 Hz); f: 6,05 (signal large ,1H, NH); k: 7,40-7,46 (m, 3H); 7,53-7,57 (m, 2H).

RMN ^{13}C (75 MHz CDCl$_3$) δ : a, b, c, d: 22,7; 23,4; 30,4; 30,7; e: 32,3; i: 42,0; g: 51,1; h: 61,4; k: 129,3; 129,9; 128,6 (CH arom); 136,4 (C arom); j: 165,4.

SM m/z (I%): 224 (7), 212 (100), 156 (6), 103(33), 76 (6), 41 (8), 40 (22).

SMHR calculée pour C$_{15}$H$_{21}$N$_2$O$_2$ [M+H]$^+$: 261,1603; trouvée: 261,1602.

4-cyclooctylamino-2-méthyl-5-phénylisoxazolidin-3-one 6d

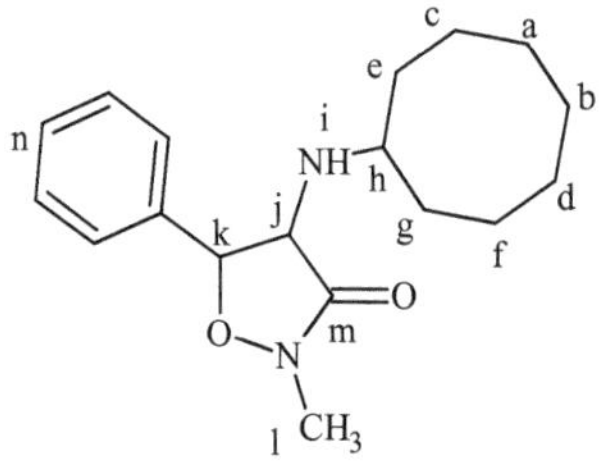

Rdt: 90 %

Formule brute: C$_{18}$H$_{26}$N$_2$O$_2$

Masse molaire: 302

IR (cm^{-1}): 1704 (C=O), 2918 (OH).

RMN ¹H (300 MHz CDCl₃) δ : a, b, c, d, e, f, g: 1,10-1,53 (m,14H); i: 1,57 (signal large, 1H, NH); h: 2,52-2,57 (m, 1H); l: 3,17 (s, 3H); j: 3,77 (d, 1H, J = 10,1 Hz); k: 4,90 (d, 1H, J = 10,1 Hz); n: 7,13-7,34 (m, 5H).

RMN ¹³C (75 MHz CDCl₃) δ : a, b, c, d, e, f, g: 23,5; 23,9; 25,7; 26,9; 27,2; 31,9; h: 33,6; l: 56,1; j: 64,4; k: 88,0; n: 127,4; 128,7; 129,2 (CH arom); (C arom) 136,2; m: 169,3.

SM m/z (I%): 303 (M+H, 5); 168(40); 138(100); 111(50); 91(30); 82(40); 69(95); 55(49); 41(42).

SMHR calculée pour $C_{15}H_{21}N_2O_2$ [M+H]⁺: 303,2072; trouvée: 303,2069.

4-isopropylamino-2-méthyl-5-p-chlorophénylisoxazolidin-3-one 6e

Rdt: 96 %

Formule brute: $C_{13}H_{17}ClN_2O_2$

Masse molaire: 268

IR (cm⁻¹): 1704 (C=O), 2999 (NH).

RMN ¹H (300 MHz CDCl₃) δ : a, b: 0,84; 0,97 (2d, 6H, J = 6,3Hz); d: 2,45 (signal large,1H, NH); c: 2,75-2,83 (m, 1H); g: 3,26 (s, 3H); e: 4,77 (d, 1H, J = 10,2 Hz); f: 4,96 (d, 1H, J = 10,2 Hz); i: 7,40-7,41 (m, 4H).

RMN ¹³C (75 MHz CDCl₃) δ : a, b: 21,9; 23,5; c: 32,0; g: 47,9; e: 64,5; f: 87,0; i: 128,4; 129,0 (CH arom); 134,6; 135,1 (C arom); h: 169,0.

SM m/z (I%): 269(M,16), 139 (20), 124 (16), 116 (14), 113 (100), 110 (16), 70(60), 40(31).

SMHR calculée pour $C_{13}H_{18}ClN_2O_2$ [M+H]⁺: 269,1056; trouvée: 269,1049.

4-cyclopentylamino-2-méthyl-5-p-chlorophénylisoxazalidin-3-one 6f

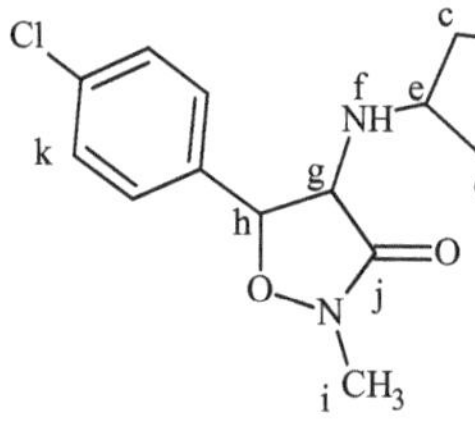

Rdt: 85 %

Formule brute: $C_{15}H_{19}ClN_2O_2$

Masse molaire: 294

IR (cm⁻¹): 1704 (C=O), 2999 (OH).

RMN ¹H (300 MHz CDCl₃) δ : a, b, c, d: 1,16-1,54 (m, 8H); f: 1,5 (signal large,1H, NH); e: 2,99-3,04 (m, 1H); i: 3,18 (s, 3H); g: 3.68 (d, 1H, J = 10,1 Hz); h: 4,90 (d, 1H, J = 10,1 Hz); k: 7,19-7,35 (m, 4H).

RMN ¹³C (75 MHz CDCl₃) δ : a, b, c, d: 23,7; 31,9; 33,1; e: 33,6; i: 58,8; g: 65,5; h: 86,5; k: 128,4; 129,0 (CH arom); 134,7; 135,1 (C arom); j: 168,9.

SM m/z (I%): 294(M, 2), 255 (70), 220 (55), 192 (100), 164 (22), 101 (42), 75 (35), 50 (10)

SMHR calculée pour $C_{15}H_{20}ClN_2O_2$ [M+H]⁺: 295,1213; trouvée: 295,1209.

4-cyclooctylamino-2-méthyl-5-p-chlorophénylisoxazolidin-3-one 6g

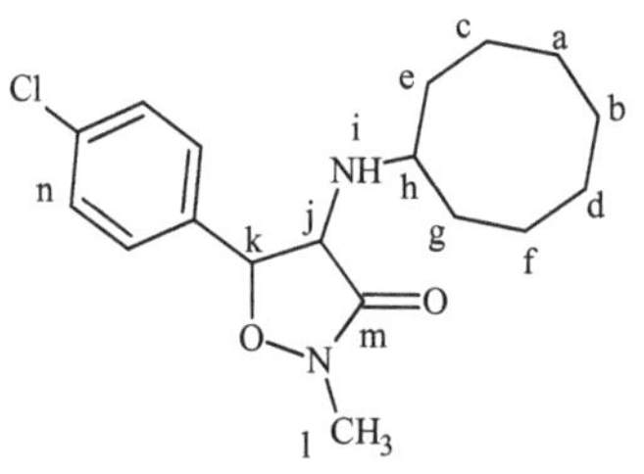

Rdt: 87 %

Formule brute: $C_{18}H_{27}ClN_2O_2$

Masse molaire: 336

IR (cm⁻¹): 1709 (C=O), 2924 (NH).

RMN ^{1}H (300 MHz CDCl$_3$) δ : a, b, c, d, e, f: 1,07-1,47 (m, 14H); i: 1,5 (signal large, 1H, NH); h: 2,47-2,52 (m, 1H); l: 3,1 (s, 3H); j: 3,63 (d, 1H, J = 10,2 Hz); k: 4,81 (d, 1H, J = 10,2 Hz); n: 7,10-7,32 (m, 4H).

RMN ^{13}C (75 MHz CDCl$_3$) δ : a, b, c, d, e, f, g: 23,5; 23,8; 25,6; 27,0; 27,3; 31,8; 31,9; h: 33,1; l: 56,3; j: 64,5; k: 87,0; n: 128,5; 129,0 (CH arom); 134,7; 135,1 (C arom); m: 169,1.

SM m/z (I%): 337(M+H, 2), 165 (20), 138 (100), 111 (60), 82 (38), 69 (90), 55 (50), 41 (39);

SMHR calculée pour C$_{18}$H$_{28}$ClN$_2$O$_2$ [M+H]$^+$: 337,1682 trouvée: 337,1677.

RÉFÉRENCES BIBLIOGRAPHIQUES

1   Hu, X. L., *Tetrahedron Lett.*, **2002**, 43, 5315.
2   Reddy, M. A.; Reddy, L. R.; Bhanumathi, N.; Rao, K. R., *Chem. Lett.*, **2001**, 246.
3   Sabitha, G.; Babu, R. S.; Rajkumar, M.; Reddy, G. M. *Synlett.*, **2001**, 1417.
4   Yadav, J. S.; Reddy, B. V. S.; Kumar, G. M., *Synlett.*, **2001**, 42, 3955.
5   Righi, G.; Franchini, T.; Bonini, C., *Tetrahedron Lett.*, **1998**, 39, 2385.
6   Bassindale, A. B.; Kyle, P. A.; Soobramanien, M. C.; Taylor, P. G. J., *J. Chem. Soc., Perkin Trans.*, **2000**, 439.
7   Righi, G.; Potini, C.; Bovicelli, P., *Tetrahedron Lett.*, **2002**, 43, 5867.
8   Bucciarelli, M.; Rorni, A.; Moretti, I.; Prati, F.; Torre, G., *Tetrahedron: Asymmetry*, **1995**, 6, 2073.
9   Park, C. S.; Kim, M. S.; Sim, T. B.; Pyun, D. K.; Lee, C. H.; Choi, D.; Lee, W. K., *J. Org. Chem.*, **2003**, 68, 43.
10   Hanessian, S.; Cantin, L. D., *Tetrahedron Lett.*, **2000**, 41, 787.
11   Dureault, A.; Tranchepain, I.; Depezay, J. C., *J. Org. Chem.*, **1989**, 54, 5324.
12   Pyun, D. K.; Lee, C. H.; Ha, H. J.; Park, C. S.; Chang, J. W.; Lee, W. K. *Org. Lett.*, **2001**, 3, 4197.
13   Hedley, S. J.; Moran, W. J.; Prenzel, H. G. P.; Price, D. A.; Harrity, J. P. A., *Synlett.*, **2001**, 1596.
14   Watson, I. D. G.; Yudin, A. K. *J. Org. Chem.*, **2003**, 68, 5160.
15   Anand, R. V.; Pandey, G.; Singh, V. K., *Tetrahedron Lett.*, **2002**, 43, 3975.
16   Cossy, J.; Bellosta, V.; Alauze, V.; Desmurs, J. R., *Synthesis*, **2002**, 2211.
17   Butler, D. C. D.; Inman, G. A.; Alper, H., *J. Org. Chem.*, **2000**, 65, 5887.
18   Kitagawa, O.; Miyahi, S.; Yamada, Y.; Fujiwara, H.; Taguchi, T., *J. Org. Chem.*, **2003**, 68, 3184.
19   Mahadevan, V.; Getzler, Y. D. Y. L.; Coates, G. W., *Angrew. Chem. Int. Ed.*, **2002**, 41, 2781.
20   Kaabi, A.; Besbes, R. *Synth. Commun.*, **2015**, 45, 111.
21   Rassukana, Y.; Bezgubenko, L. V.; Onys'ko, P. P.; Synytsya, A. D., *J. Fluorine Chem.*, **2013**, 148, 14.
22   Cardillo, G.; Fabbroni, S.; Gentilucci, L.; Gianotti, M.; Perciaccante, R.; Selva, S.; Tolomelli, A., *Tetrahedron: Asymmetry.* **2002**, 13, 1411.
23   Miniejew, C.; Outurquin, F.; Pannecoucke, X., *Tetrahedron,* **2006**, 62, 2657.

24 Zwanenburg, B., *Pure Appl. Chem.*, **1999**, 71, 423.
25 Baldwin, J. E.; Farthing, C. N.; Russell, A. T.; Schofield, C. J.; Spivey, A. C., *Tetrahedron Lett.*, **1996**, 37, 3761.
26 Starmans, W. A. J.; Thijis, L.; Zwanenburg, B., *Tetrahedron*, **1998**, 54, 629.
27 O'Neil, I. A.; Woolley, J. C.; Southern, J. M.; Hobbs, H., *Tetrahedron Lett.*, **2001**, 42, 8243.
28 Besbes, R.; Ennigrou, M. R., *Synth. Commun.*, **2004**, 34(12), 2185.
29 Kaabi, A.; Ould Elemine, B.; Besbes, R. *Synth. Commun.*, **2011**, 41, 1480.
30 Carrera, G.; De Amici, M.; DeMicheli, C.; Liverani, P.; Carnielli, M.; Riva, S., *Tetrahedron: Asymmetry.*, **1993**, 4, 1063.
31 Wuest, W. M.; Sattely, E. S.; Walsh, C. T., *J. Am. Chem. Soc.,* **2009**, 131, 5056.
32 Takeuchi, Y.; Ozaki, S.; Satoh, M.; Mimura, K. I.; Hara, S. I.; Abe, H.; Nishioka, H.; Harayama, T., *Chem. Pharm. Bull.*, **2010**, 58, 1552.
33 Nordmann, R.; Graff, P.; Maurer, R.; Gahwiler, B. H., *J. Med. Chem.*, **1985**, 28, 1109.
34 (a) Baldwin, J. E.; Ng, S. C.; Pratt, A. J., *Tetrahedron Lett.*, **1987**, 28, 4319. (b) Fedro, L. R., *International Journal of Pharmaceutics,* **1984**, 22, 197.
35 (a) Harada, S.; Tsubotani, S.; Hida, T.; Koyama, K.; Kondo, M.; Ono, H., *Tetrahedron,* **1988**, 44, 6589. (b) Natsugari, H.; Kawano, Y.; Morimoto, A.; Yoshioka, K.; Ochiai, M., *J. Chem. Soc. Chem. Commun.*, **1987**, 62.
36 (a) Locke, M.; Smeda, R. J.; Howard, K. D.; Reddy, K. N., *Chemosphere,* **1996**, 33, 1213. (b) Vencili, W. K.; Hatzios, K. K.; Wilson, H. P., *Pestic. Biochem. Physiol.,* **1989**, 35, 81. (c) Pereira, L.; Fernandes, M. N.; Martinez, C. B. R., *Environ. Toxicol. Pharmacol.,* **2013**, 36, 1. (d) Jia, C.; Xiaoping, D.; Jiye, H., *J. Integr. Agr.,* **2013**, 12, 2074. (e) Abramovic, B. F.; Despotovic, V. N.; Sojic, D. V.; Orcic, D. Z.; Csanadi, J. J.; Cetojevic Simin, D. D., *Chemosphere,* **2013**, 93, 166. (f) Darwish, M.; Lopez lauri, F.; El Mataoui, M.; Urban, L.; Sallanon, H., *J. Photochem. Photobiol.,* **2014**, 134, 49.
37 Issahiki,Y.; Kohchi, M.; Iikura, H.; Matsubara, Y.; Asoh, K.; Murata, T.; Kohchi, M.; Mizuguchi, E.; Tsujii, S.; Hattori, K.; Miura, T.; Yoshimura, Y.; Aida, S.; Miwa, M.; Saitoh, R.; Murao, N.; Okabe, H.; Belunis, C. C.; Janson, C. Lukacs, C.; Schuck, V.; Shimma, N., *Bioorg. Med. Chem. Lett.*, **2011**, 21, 1795.
38 Sattely, E. S.; Walsh, C. T., *J. Chem. Soc. Chem. Commun.*, **2008**, 130, 12282.
39 Wagner, E.; Becan, L.; Nowakowska, E., *Bioorg. Med. Chem.*, **2004**, 12, 265.
40 Seo, Y.; Mun, K. R.; Lee. Y. Y.; Kim, K., *J. Korean Chem. Soc.*, **1992**, 36, 453.

41 Amici, M. D.; Conti, P.; Fasoli, E.; Barocelli, E.; Ballabeni, V.; Bertoni, S.; Impicciatore, M.; Roth, B. L.; Ernsberger, P.; Micheli, C. D., *Il Farmaco*, **2003**, 58, 739.

42 Dallanoce, C.; Frigerio, F.; Martelli, G.; Grazioso, G.; Matera, C.; Pomè, D. Y.; Pucci, L.; Clementi, F.; Gotti, C.; Amici M. D., *Bioorg. Med. Chem.*, **2010**, *18*, 4498.

43 Perronnet, J.; Girault, P.; Demoute, J. P., *J. Heterocyclic Chem.*, **1980**, 17, 727.

44 Kim, H. K.; Park, K. J. J., *Tetrahedron Lett.*, **2012**, 53, 1668.

45 Baldwin, J. E.; Harwood, L. M.; Lombard, M. J., *Tetrahedron*, **1984**, 40, 4363.

46 Dermer, O. Ethylenimine and Other Aziridines: Chemistry and Applications; Academic: London, UK, **1969**; p 405.

CHAPITRE 3: Synthèse d'imidazolidin-2-ones et d'oxazolidin-2-imines

III.1. Introduction

Les hétérocycles à trois chaînons tels que les aziridines fonctionnalisées, se sont imposés comme intermédiaires potentiels pour l'élaboration de divers médicaments[1-3]. En plus, ces composés se sont montrés extrêmement versatiles, ce qui leur a permis d'être de bon précurseurs dans diverses réactions chimiques[4,5]. Le présent chapitre est inscrit dans le cadre de la dynamique d'expansion du cycle aziridinique à travers la réaction de cycloaddition des aziridine-2-carboxylates avec les isocyanates N-substitués. Ce type de réaction est considéré comme un outil de choix dans le domaine de la chimie des hétérocycles et constitue une source privilégiée de divers composés cycliques. Nous avons entamé dans ce chapitre l'étude de la réactivité des aziridine-2-carboxylates vis-à-vis du N-propyl et du N-phénylisocyanate afin de synthétiser de nouvelles structures hétérocycliques, telles que les imidazolidin-2-ones et les oxazolidin-2-imines, molécules appartenant à des familles de composés ayant un champ d'activité biologique très étendu.

III.2. Applications et propriétés biologiques des imidazolidin-2-ones et des oxazolidin-2-imines

Les imidazolidin-2-ones constituent une classe importante de composés ayant suscité un vif intérêt dans le domaine pharmaceutique et en chimie médicinale. En effet, ces adduits ont été utilisés comme intermédiaires, entre autres, dans la synthèse des glycoluriles[6] qui sont d'importants synthons pour la préparation des capsules moléculaires. Ce sont aussi des intermédiaires clés dans la synthèse des Nutlines[7] qui sont des imidazolines fortement fonctionnalisées, présentant une activité antitumorale[8]. Ces structures ont été également employées comme unités monomériques[9] pour la synthèse de biopolymères présentant une grande stabilité par rapport aux peptides typiques. En plus, les imidazolidin-2-ones trouvent des applications considérables en synthèse organique pour leurs contributions en tant que catalyseurs[10] et auxiliaires chiraux[11,12], dans les réactions d'alkylation diastéréosélectives et les réactions de Diels-Alder[13,14]. Ce sont aussi des précurseurs d'aminoacides[15] et de diamines vicinales[16]. Par ailleurs, le motif imidazolidin-2-one est présent dans des molécules naturelles et synthétiques biologiquement actives.

Nous citons à titre d'exemples :

- ✓ La Carboxybiotine[17,18] (vitamine H ou B8) est un intermédiaire enzymatique utilisé pour le transfert de CO_2 vers un accepteur carbanionique.
- ✓ DBPR103[19] est un composé ayant des activités antivirales remarquables contre le virus EV71.
- ✓ DW2282 et DW2143[20,21] leurs actions cytotoxiques inhibent plusieurs types de cellules cancéreuses et de diverses tumeurs solides comme le cancer du sein.
- ✓ L'imidacloprid-urea[22] est utilisé dans le domaine de l'agriculture comme pesticide.
- ✓ KVI-020 /WYE-160020[23] est un traitement potentiel pour l'arythmie auriculaire.
- ✓ Ro20-1724[24] inhibe l'activité enzymatique de l'IPDE (calicium-independent phosphodiesterase).
- ✓ La 1,3-bis(Arylsulfonyl)imidazolidin-2-one[25] est un composé doté de propriétés anticancéreuses importantes contre le cancer des poumons de type HOP-92 et le cancer des reins de type CAKI-1.
- ✓ CCR5[26] est un composé ayant des activités antivirales prometteuses contre le virus HIV.
- ✓ L'Oxoimidazolidinepyrolidine-2-carbonitrile[27] est un inhibiteur puissant du dipeptidyl peptidase (DDP-IV).

Malgrés qu'elles soient peu décrites dans la littérature, les oxazolidin-2-imines constituent une source non négligeable de produits biologiquement actifs. Nous citons comme exemples :

- ✓ Le 3,4-diméthyl-aminorex[28] est un médicament ayant une activité psychostimulante.
- ✓ Des dérivés de la 1,3-oxazolidin-2-imine[29], sont des inhibiteurs enzymatiques de la iNOS (inducible nitric oxide synthase).
- ✓ Les AIO[30] présentent une série d'oxazolidin-2-imines utilisées comme insecticides contre les blattes.
- ✓ Le Sp^2-iminosucre[31] est un inhibiteur puissant de la glycosidase.
- ✓ L'hemicetal-homoerythromycine[32] possède une activité antibactérienne contre plusieurs types de bactéries.
- ✓ Les N-aryloxazolidin-2-imines[33] bicycliques peuvent agir directement sur les récepteurs androgènes et peuvent avoir des effets semblables à ceux de la testostérone et des stéroïdes anabolisants.

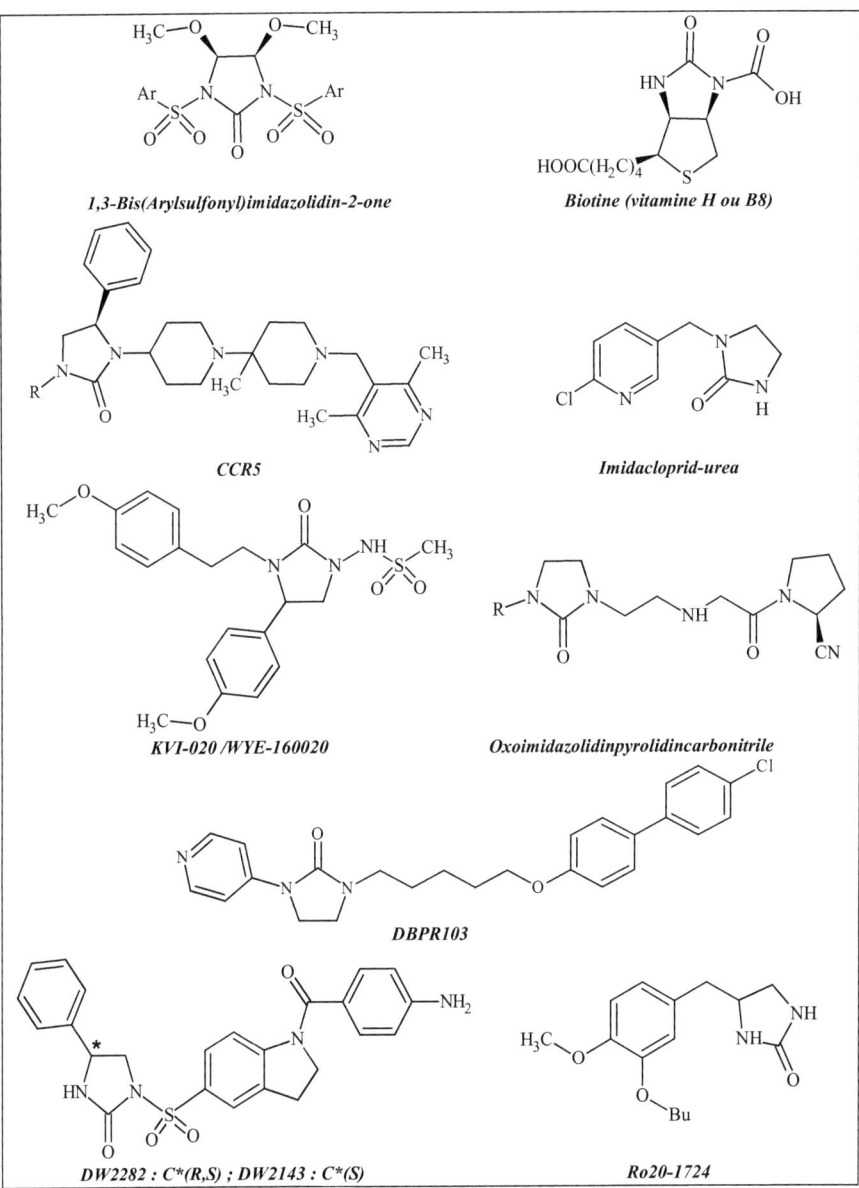

Figure III.1: Molécules biologiquement actives comportant le motif imidazolidin-2-one.

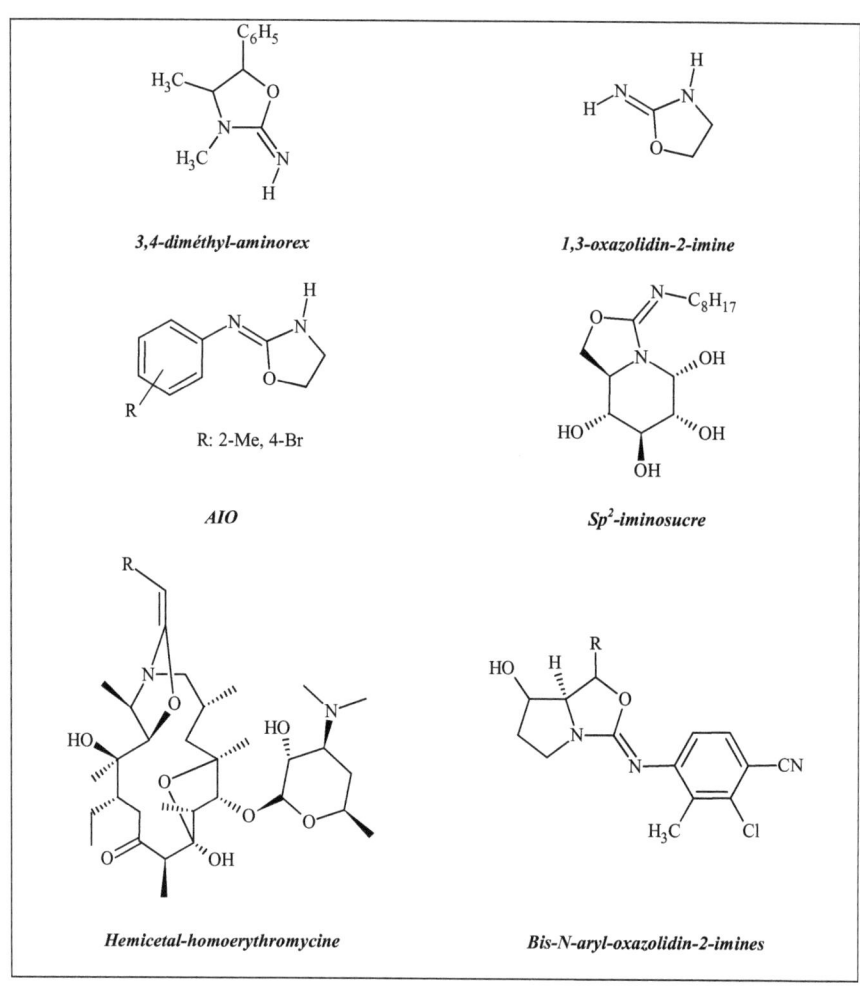

Figure III.2: *Molécules d'oxazolidin-2-imines ayant des activités biologiques et antibiotiques importantes.*

III.3. Aperçu bibliographique sur la synthèse des imidazolidin-2-ones et des oxazolidin-2-imines

La synthèse des imidazolidin-2-ones et des oxazolidin-2-imines est un thème qui a été largement exploré ces dernières années. Ceci peut être justifié par leurs grandes utilités en tant que ligands chiraux en synthèse asymétrique et aussi en tant qu'intermédiaires potentiels de molécules biologiquement actives.

Dans l'aperçu bibliographique suivant, nous citerons quelques méthodes de synthèse des imidazolidin-2-ones et des oxazolidin-2-imines, les plus pertinentes.

III.3.1. Aperçu bibliographique sur la synthèse des imidazolidin-2-ones

III.3.1.1. Synthèse à partir de diamines vicinales

Le caractère binucléophile des diamines vicinales leur confèrent une haute réactivité, notamment vis-à-vis des substrats biélectrophiles, conduisant à une grande variété de composés hétérocycliques ayant des intérêts synthétiques et éventuellement biologiques.

Dans ce contexte et sur le plan synthétique, nous pouvons nous référer aux travaux de Pennell[34] qui a décrit une méthode de synthèse d'imidazolidin-2-ones par l'action du phosgène sur une diamine vicinale. Cette réaction menée dans le dichlorométhane et en présence d'une base forte, s'est avérée efficace en termes de rendement et de stéréosélectivité (Schéma III.1).

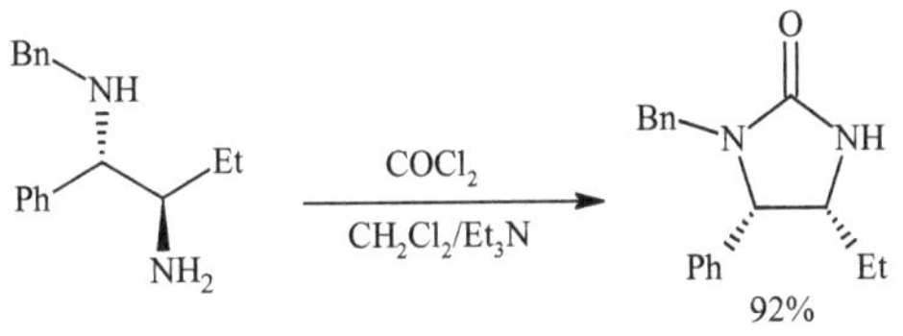

Schéma III.1

Dans une autre approche et dans le but de synthétiser des molécules ayant des propriétés biologiques intéressantes, l'équipe de Janusz[23] a synthétisé des imidazolidin-2-ones par l'action de la 1,1'-carbonyldiimidazole sur des diamines vicinales (Schéma III.2).

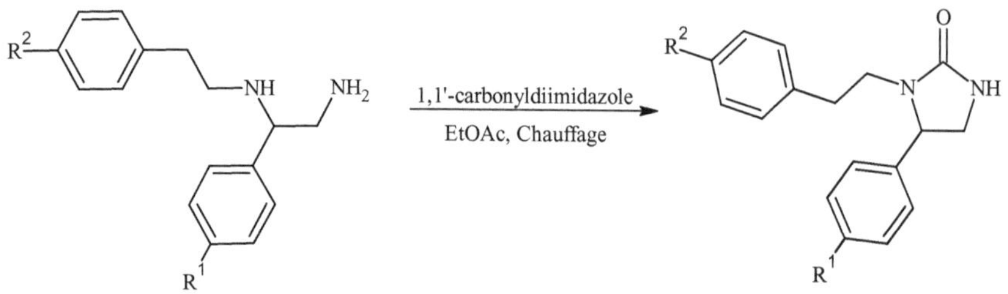

Schéma III.2

III.3.1.2 Synthèse à partir d'urées acycliques

Une méthode efficace pour la synthèse des 1-(2-bromoéthyl)-3-alkylimidazolidin-2-ones a été décrite par Wang et coll.[27]. Pour accéder à ces composés halogénés, les auteurs ont traité des dérivés dibromés d'une urée acyclique par une solution basique de $NaHCO_3$ à un pH=10 (Schéma III.3).

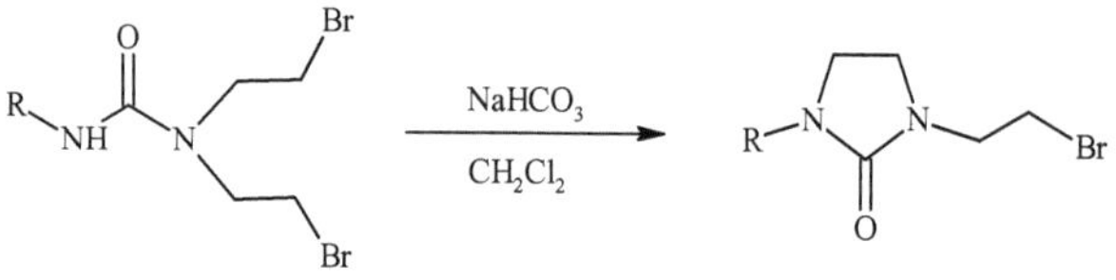

Schéma III.3

III.3.1.3 Synthèse à partir des dérivés d'oxazoline

En 2006, Jones[35] a décrit une méthode directe permettant de synthétiser des dérivés de l'urée cyclique à partir d'oxazolines. Ces composés ont été traités par le *p*-toluènesulfonylisocyanate pour conduire, instantanément, à la formation des imidazolidin-2-ones correspondantes avec des rendements excellents (Schéma III.4).

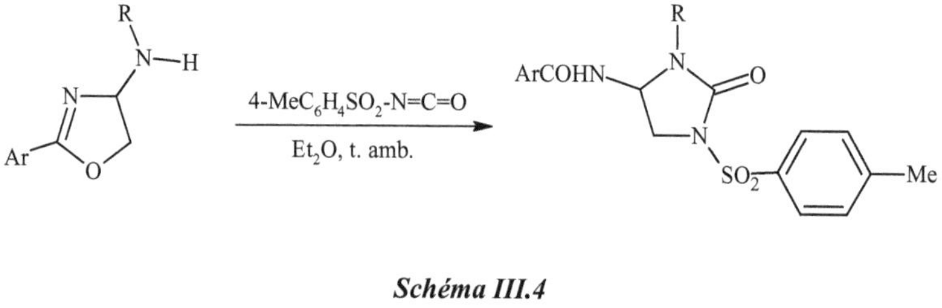

Schéma III.4

III.3.1.4. Synthèse à partir du chlorure d'imidazole

La préparation de la 1-(6-méthylpyridin-2-yl)imdazolidin-2-one a été également rapporté par Gdaniec[36]. En effet, la réaction du 2-chloro-4,5-dihydroimidazole avec la N-oxide picoline, réalisée dans le dichlorométhane, a mené à la formation de l'imidazolidin-2-one souhaitée après traitement du sel intermédiaire par une solution aqueuse d'hydroxyde de sodium (Schéma III.5).

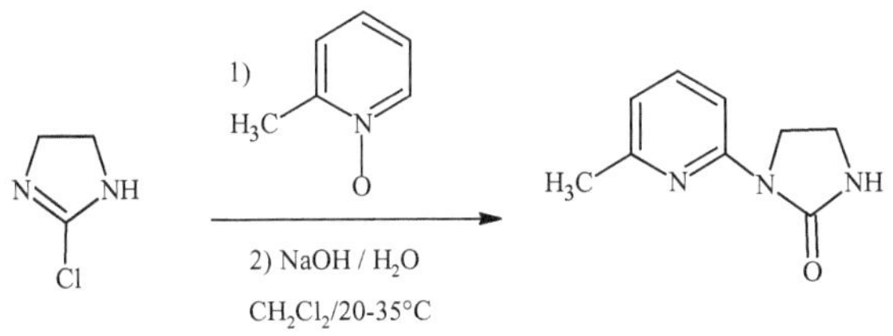

Schéma III.5

III.3.1.5. Synthèse à partir d'aminoesters

Selon un tandem addition nucléophile – addition conjuguée, la réaction entre le (E)-4-benzylamino-2-butanoate d'éthyle et le (R)-1-phényléthylisocyanate, en présence d'une quantité catalytique de DBU, a conduit diastéréosélectivement à l'imidazolidin-2-one[37] correspondante avec un rendement de 74 % (Schéma III.6).

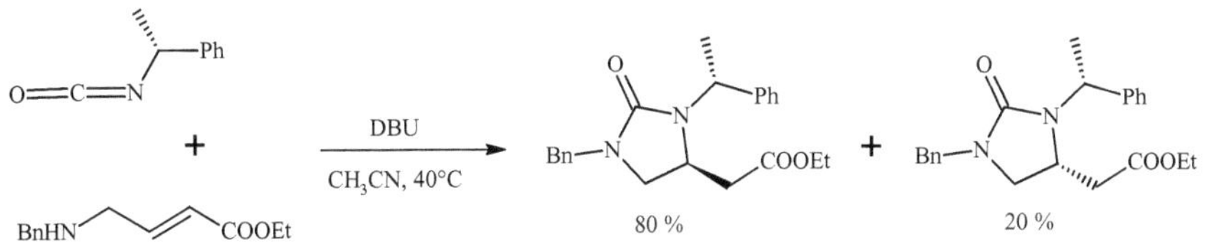

Schéma III.6

III.3.2 Aperçu bibliographique sur la synthèse des oxazolidin-2-imines
III.3.2.1. Synthèse à partir d'époxydes

En 1986, l'équipe de Matsuda[38] a étudié la réaction de cycloaddition des hétérocumulènes avec les oxiranes. Au cours de cette étude, les auteurs ont pu accéder à des oxazolidin-2-

imines par l'action des carboiimides sur l'oxide de propylène en présence de n-Bu$_3$SnI-PPh$_3$ comme catalyseur (Schéma III.7).

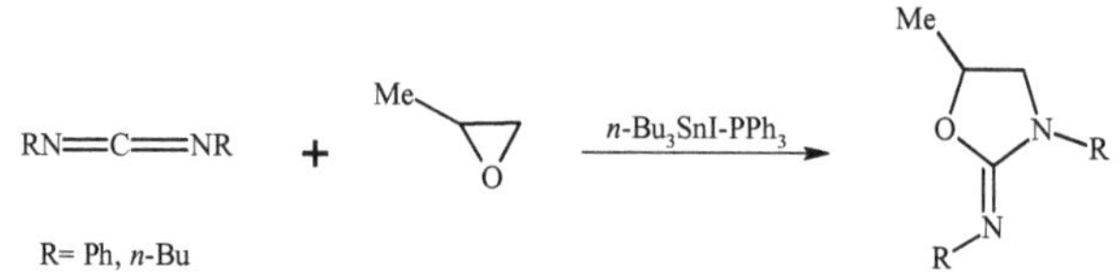

Schéma III.7

Quelques années plus tard, une autre voie de synthèse hautement énantiosélective de deux régioisomères oxazolidin-2-imines a été rapporté par Alper et coll.[39]. Les auteurs ont montré que cette cycloaddition est possible par la combinaison d'un oxirane vinylique avec un carboiimide non symétrique, en présence du système catalytique Pd(0)-TolBINAP. (Schéma III.8).

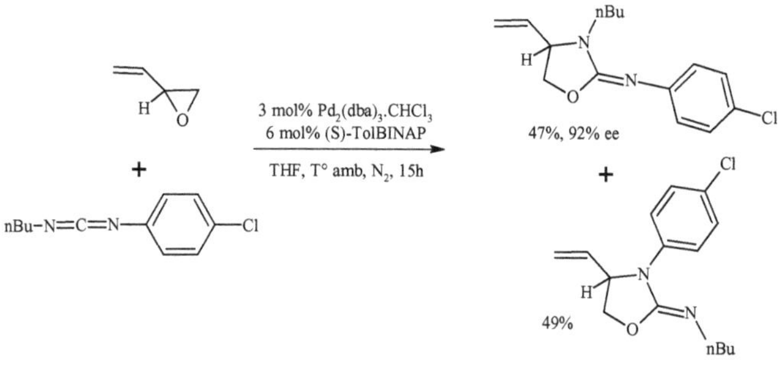

Schéma III.8

Plus récemment, Castillon et coll.[40] ont généré le motif 1,3-oxazolidin-2-imine par l'action du cyanamide de sodium NaNHCN sur un dérivé de l'α-D-glucopyranose, dans l'acétonitrile et en présence d'une quantité catalytique de TiO(CF$_3$COO)$_2$ (Schéma III.9).

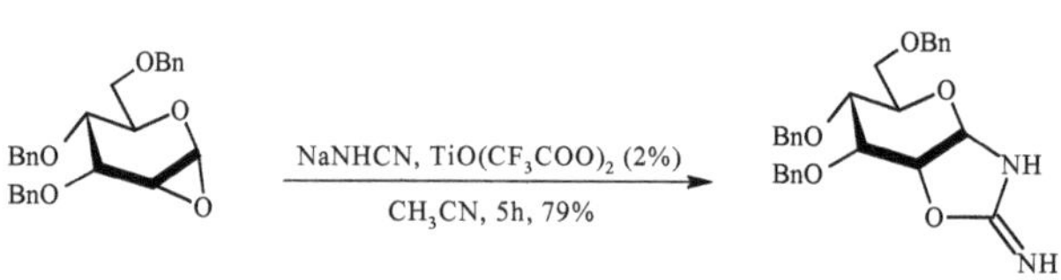

Schéma III.9

III.3.2.2. Synthèse à partir d'aminoalcools

Vu leur grande importance comme matière première pour la synthèse de divers composés hétérocycliques, les aminoalcools ont été utilisés par différentes équipes de recherche afin de synthétiser des oxazolidin-2-imines. Nous citons à titre d'exemple les travaux de Kawasaki et coll.[41] qui ont permis d'accéder, d'une manière non stéréosélective, à des oxazolidin-2-imines par l'action du bromure de nitrile sur des dérivés de l'aminoalcool (Schéma III.10).

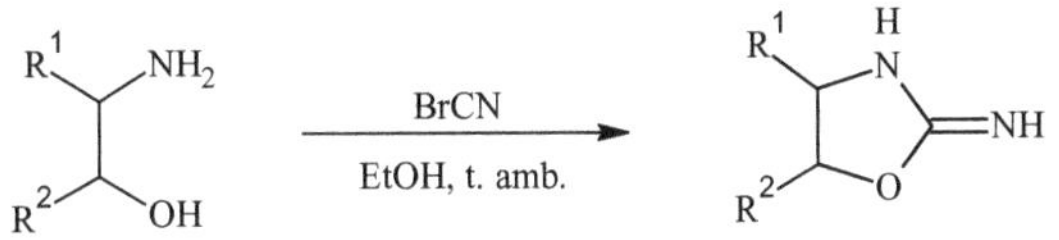

Schéma III.10

Ultérieurement, Contreras et coll.[42] ont décrit une méthode hautement stéréosélective pour la synthèse d'oxazolidin-2-imines. Celle-ci repose sur la séquence réactionnelle suivante : Transformation d'un dérivé de l'éphédrine en chlorodeoxypseudoéphédrine par l'action de $SOCl_2$, suivie d'une condensation avec NaOCN pour obtenir l'hydrochlorure d'oxazolidin-2-imine. Enfin une hydrolyse dans un milieu basique mène à la formation de la *cis*-1,3-oxazolidin-2-imine correspondante (Schéma III.11).

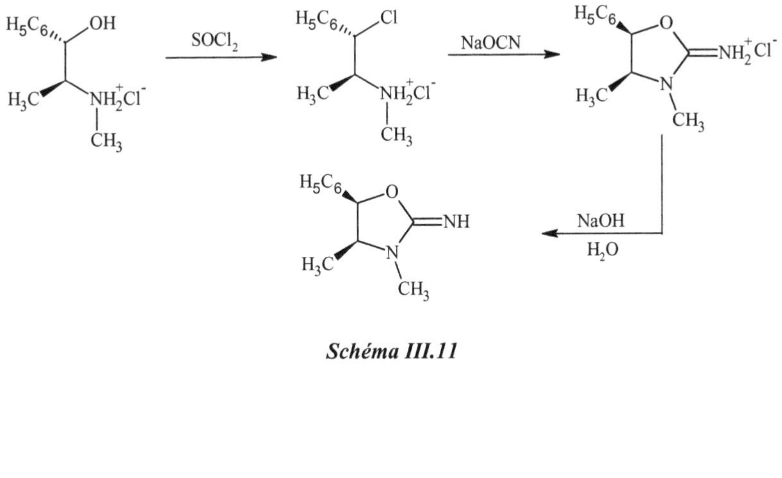

Schéma III.11

L'accès à des oxazolidin-2-imines peut être également envisagé par l'addition des aminoalcools sur les N-alkylisothiocyanates. Dans l'exemple[43] ci-après, le processus repose sur la transformation d'une thiourée acyclique en oxazolidin-2-imine par l'action du chlorure de tosyle en milieu basique (Schéma III.12).

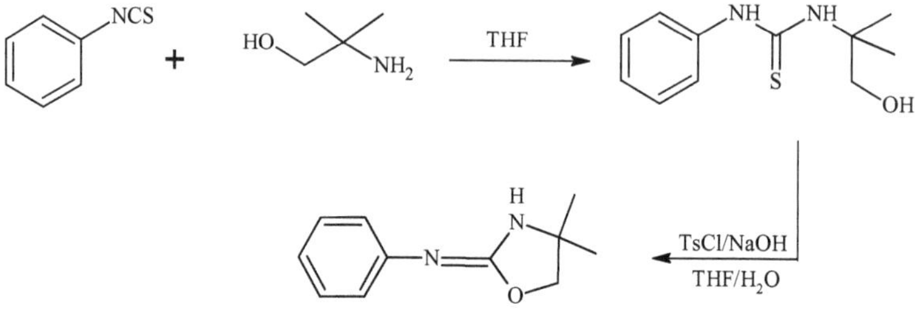

Schéma III.12

III.3.3. Synthèse conjointe d'imidazolidin-2-ones et d'oxazolidin-2-imines

III.3.3.1. Synthèse à partir d'amines propargyliques

En 2013, Eycken et coll.[44] ont étudié la réaction de couplage d'une amine propargylique avec le tosylisocyanate. Cette étude qui consiste à faire varier la nature et la quantité du catalyseur utilisé ainsi que la nature du solvant, a permis d'établir deux protocoles sélectifs conduisant à la formation d'imidazolidin-2-ones via une N-cyclisation, et à des oxazolidin-2-imines via une O-cyclisation (Schéma III.13).

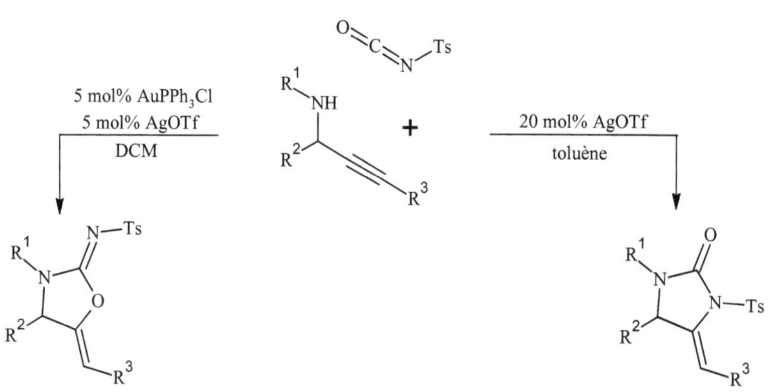

Schéma III.13

III.3.3.2 Synthèse à partir d'aziridines

La réaction de cycloaddition des isocyanates avec les aziridines est l'une des méthodes les plus efficaces et les plus utilisées pour la synthèse des imidazolidin-2-ones et des oxazolidin-2-imines. Néanmoins, ce type de réaction fournit plusieurs hétérocycles via une N-cyclisation ou une O-cyclisation des intermédiaires formés et en raison des réarrangements que peuvent subir ces derniers. D'autre part, une variété de catalyseurs a été investiguée dans ces réactions, tels que les acides de Lewis[45], afin de cibler la synthèse vers un seul type de composé.

Dans ce contexte, Louie et coll.[46] ont étudié la réactivité d'une aziridine vinylique avec le phénylisocyanate. La réaction a eu lieu au reflux du toluène et a conduit à la formation de trois hétérocycles : une imidazolidin-2-one, une oxazolidin-2-imine et une urée cyclique à sept chainons. D'autre part, en travaillant dans un milieu catalysé par $Ni(COD)_2$ et en présence d'un ligand NHC, la réaction a fourni exclusivement l'imidazolidin-2-one (Schéma III.14).

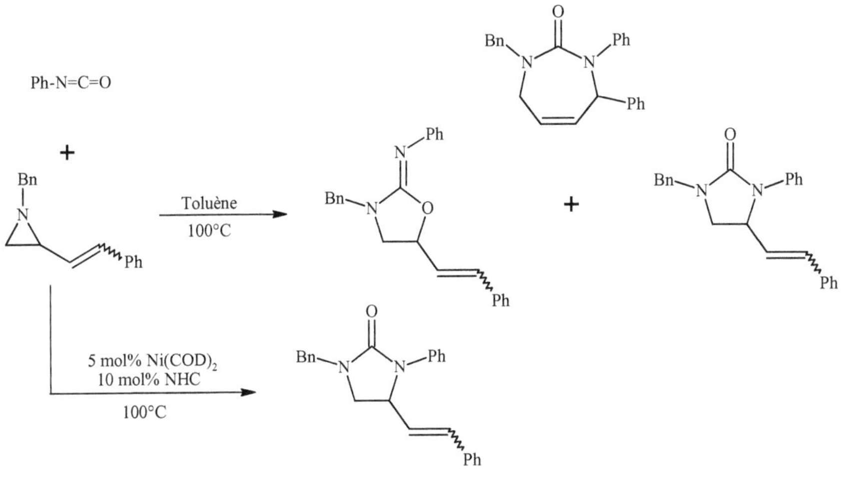

Schéma III.14

Dans une autre approche Alper[47] a décrit une voie de synthèse permettant d'accéder conjointement à une imidazolidin-2-one et une oxazolidin-2-imine à partir d'une aziridine vinylique, tout en évitant la formation d'une urée cyclique à sept chainons (Schéma III.15).

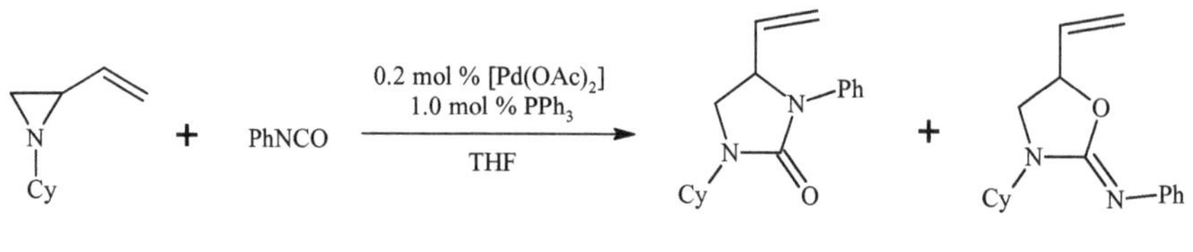

Schéma III.15

Quelques années plus tard, en utilisant un système catalytique adéquat, Alper[48] a orienté cette réaction vers la synthèse asymétrique de l'imidazolidin-2-one uniquement (Schéma III.16).

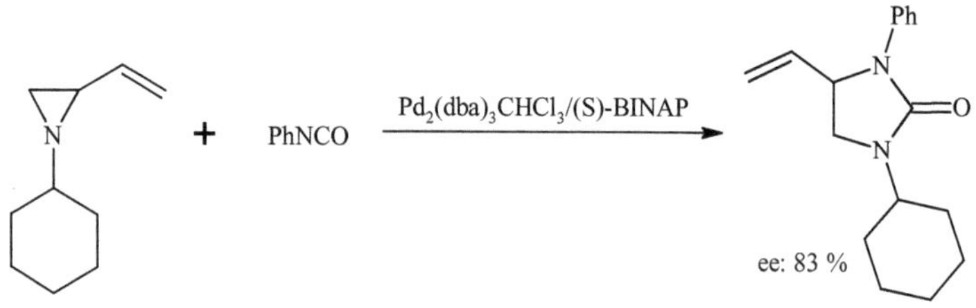

Schéma III.16

La réaction de couplage d'une aziridine 1,2-disubstituée avec l'isocyanate, en présence de NiI_2, a fait l'objet des travaux de Saito et coll.[49]. Cette réaction a fourni, en premier lieu, une oxazolidin-2-imine. Ensuite, en prolongeant le temps de la réaction, une isomérisation sous l'effet de NiI_2 a conduit à la formation d'une imidazolidin-2-one (Schéma III.17).

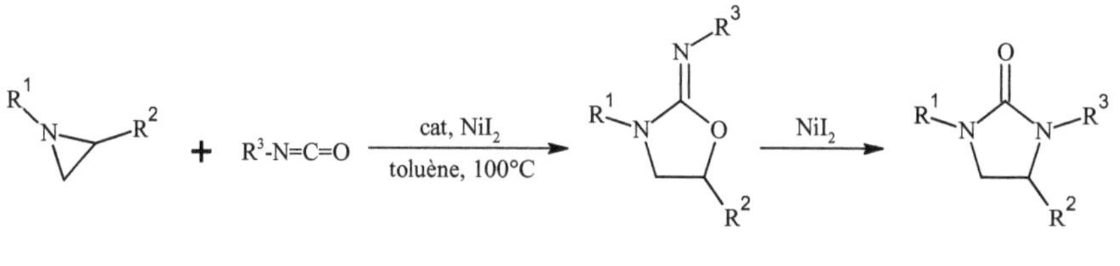

Schéma III.17

Dans un travail plus récent Saito et coll.[50] ont montré que la nature du solvant utilisé dans la réaction, peut avoir un effet significatif sur le déroulement de la réaction de cycloaddition d'une aziridine vinylique avec le Tosylisocyanate en l'absence de catalyseur. Ainsi, en travaillant dans le dichlorométhane, la réaction conduit majoritairement à la formation de l'urée cyclique à sept chaînons via une S_N2'. Par contre, dans un solvant beaucoup plus polaire tel que le DMF, c'est l'imidazolidin-2-one qui est obtenu majoritairement via une S_N1 (Schéma III.18).

	Solvant : CH_2Cl_2	95 %	5 %
	DMF	5 %	95 %

Schéma III.18

III.4. Travail personnel et discussion

D'après la littérature, nous avons constaté que les isocyanates (R-N=C=O) portant un groupe électroattracteur (Ms, Ts,...) réagissent rapidement sur les aziridines, même à basse température. Cette réactivité diminue fortement lorsque R est un groupe électrodonneur et la réaction nécessite dans ce cas un chauffage ou l'utilisation d'un catalyseur.

Suite à cette constatation, nous avons entamé ce travail en faisant réagir l'aziridine-2-carboxylate **4a** avec 1 équivalent de *n*-propylisocyanate, au reflux du dichlorométhane. Comme attendu, cette réaction n'a évolué que partiellement, puisqu'une quantité majoritaire du produit de départ a été récupérée et nous n'avons isolé qu'une quantité modeste du produit escompté. La détermination de la structure de ce dernier a été possible grâce à la RMN du ^1H et du ^{13}C.

Afin d'améliorer le rendement de cette réaction, il nous a semblé nécessaire d'augmenter le nombre d'équivalents de l'isocyanate et de travailler dans un solvant ayant une température d'ébullition plus élevée que celle du dichlorométhane. Nous avons repris cette même réaction en faisant réagir 1,2 équivalent de *n*-Pr-N=C=O avec l'aziridine-2-carboxylate **4a** au reflux du toluène. Après 16 heures d'agitation, le produit de départ s'est totalement épuisé et nous avons pu isoler l'imidazolidin-2-one **7a** avec un rendement presque quantitatif (Schéma III.20).

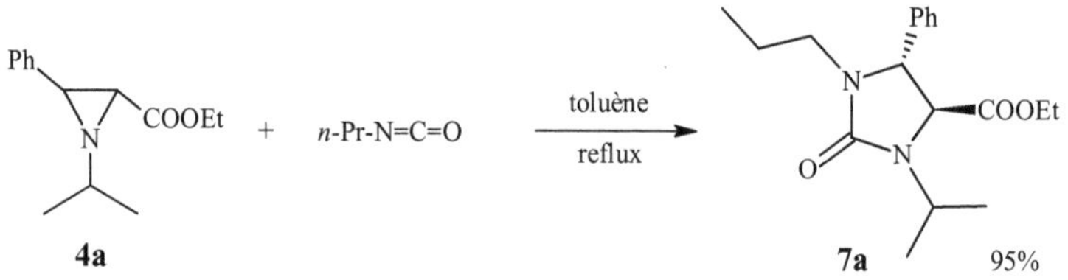

Schéma III.20

En se basant sur le spectre RMN du ^{1}H de l'imidazolidin-2-one **7a** nous avons constaté que les signaux des deux protons vicinaux H-4 et H-5 sont bien résolus et que leur constante de couplage égale à 2,6 Hz ce qui confirme, d'après la littérature[51,52], la configuration *trans* de cette imidazolidin-2-one (Figure III.1).

Figure III.1: trans-imidazolidin-2-one 7a

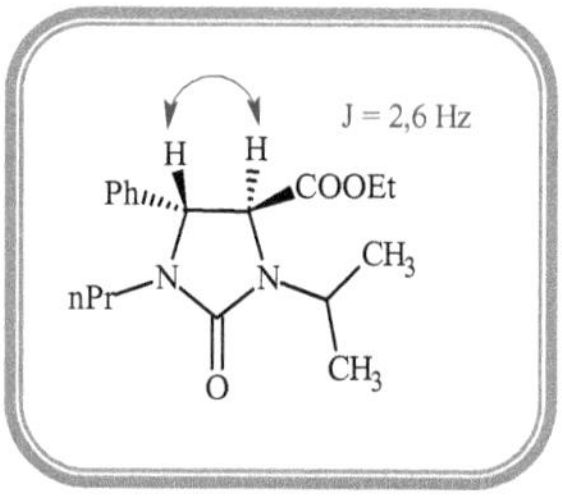

Pour expliquer le mécanisme de cette réaction nous avons tenu compte des travaux décrits par Saito et coll.[50] qui montrent que la réaction de cycloaddition des aziridines avec les isocyanates passe par un intermédiaire zwittérionique cyclique. Ce dernier évolue par la suite vers un autre intermédiaire zwittérionique linéaire. Cet intermédiaire conduit finalement à une *trans*-imidazolidine-2-one après cyclisation. Ceci nous a amené à dire que la formation de l'urée cyclique **7a** a lieu via une réaction de substitution nucléophile de type S_N1, qui implique forcement le passage par un intermédiaire zwittérionique linéaire. Ce dernier aurait subit une attaque nucléophile par l'atome d'azote de l'isocyanate sur le carbocation benzylique, réalisant ainsi une cyclisation hautement régio- et stéréosélective. Il est important de noter qu'aucun isomère *cis* n'a été détecté, dans les limites de la détection spectrale par résonance magnétique nucléaire (Schéma III.21).

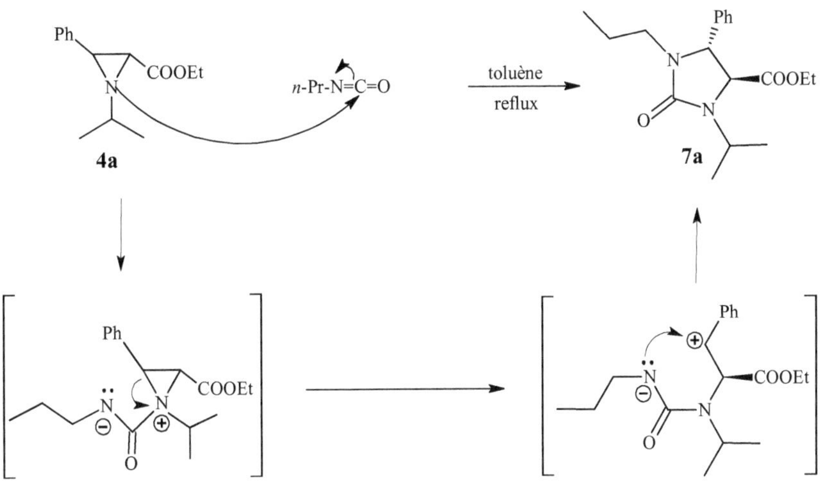

Schéma III.21

Par ailleurs, la réaction de cycloaddition de la *p*-chlorophénylaziridine-2-carboxylate **4f** avec le *n*-propylisocyanate, a fourni deux produits que nous avons séparés par chromatographie sur colonne de gel de silice. Une étude spectroscopique assez détaillée (IR, RMN 2D, NOESY) pour ces deux produits a prouvé qu'il s'agit de deux imidazolidin-2-ones régioisomères. En effet, sur le spectre NOESY du composé **7e** (Figure III.2) nous avons observé des taches de corrélation entre le proton porté par le carbone voisin de l'atome d'azote du groupe propyle et le proton porté par le carbone benzylique, ce qui confirme la proposition mécanistique du schéma III.21. Alors que sur le spectre NOESY du composé **8e** nous n'avons pas observé des taches de corrélation entre le proton benzylique et le proton du groupe propyle. Par contre, nous avons constaté que le proton benzylique est couplé avec le proton de l'isopropyle, ce qui confirme la structure du deuxième régioisomère **8e** (Figure III.2).

D'autre part, la stéréochimie de ces deux régioisomères a été confirmée par leurs constantes de couplage assez faibles et qui indiquent une configuration *trans* pour ces composés.

Correlation NOESY

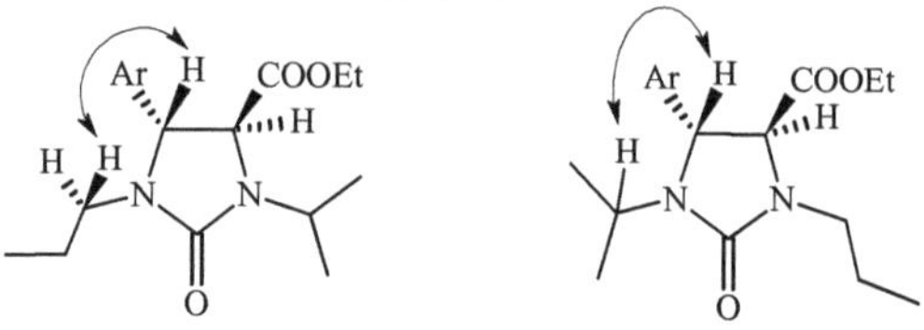

7e, $J_{H4,H5}$ = 2,5 Hz   **8e**, $J_{H4,H5}$ = 1,2 Hz

Figure III.2

Comme nous l'avons déjà mentionné dans le cas de l'aziridine-2-carboxylate **4a**, la réaction est hautement régiosélective puisque l'attaque a eu lieu exclusivement sur le carbone C3. Dans le cas de l'aziridine **4f**, ou le groupe aromatique porte un atome de chlore en position para, l'électrophilie du carbone C3 a été atténuée par l'effet mésomère donneur de cet atome de chlore (Figure III.3).

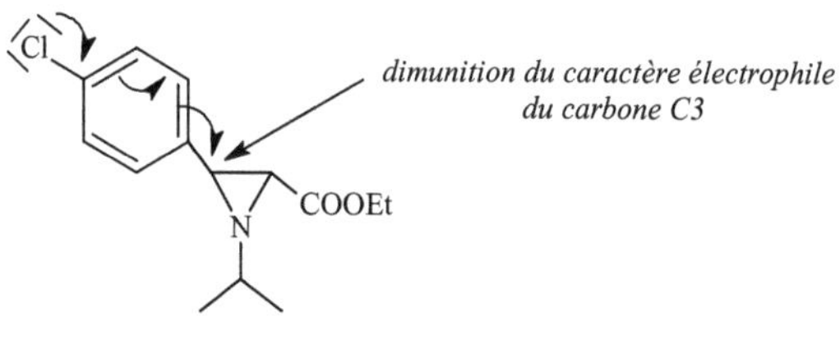

Figure III.3

L'effet électronique causé par l'atome de chlore aurait favorisé l'évolution de l'intermédiaire zwittérionique cyclique vers la formation de deux intermédiaires zwittérioniques linéaires portant chacun une charge positive, respectivement, sur les carbones C2 et C3. Ces deux derniers auraient conduis, par la suite, à la formation des deux régioisomères imidazolidin-2-ones **7e** et **8e** (Schéma III.22).

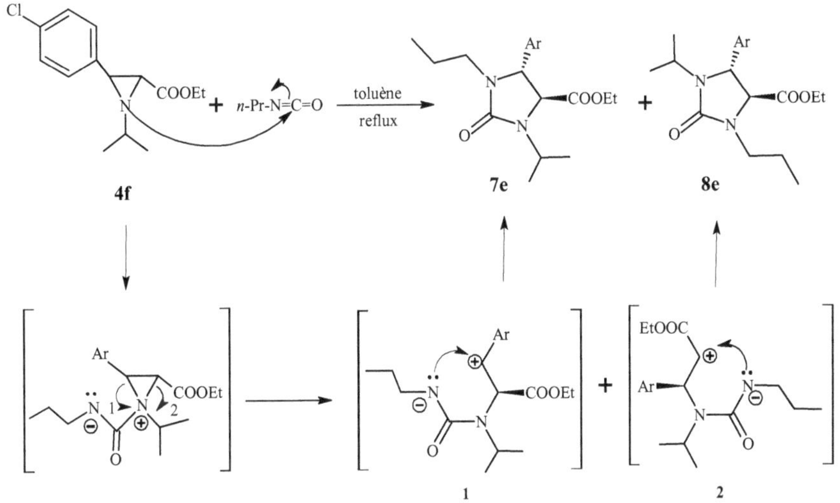

Schéma III.22

Nous remarquons aussi que la réaction est toujours hautement régiosélective puisque le composé **7e** a été isolé avec un rendement faible ne dépassant pas les 16%. En modifiant le groupe isopropyle porté par l'atome d'azote de l'aziridine par un groupe cyclopentyle, nous n'avons isolé qu'une petite quantité du deuxième régioisomère **8f,** à coté d'une très faible quantité d'un troisième composé **9f**, isolé sous forme de cristaux et dont la structure a été déterminée par diffraction aux rayons X (Figure III.4).

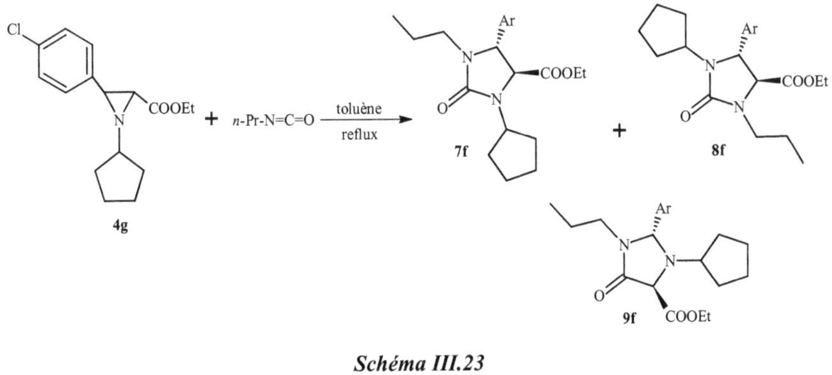

Schéma III.23

Un résultat similaire à celui-ci a été décrit par Louie et coll.[46], mais les auteurs n'ont pas expliqué la formation des composés obtenus. Pour expliquer la formation de l'imidazolidin-4-one **9f**, nous nous sommes inspirés d'un travail qui a été réalisé par Arnaut et coll.[53] et dans lequel les auteurs affirment que les aziridines se réarrangent sous l'effet du chauffage ou de l'irradiation et se transforment en une azométhine (Schéma III.24). Cette dernière réagit par la suite sur divers systèmes électrophiles.

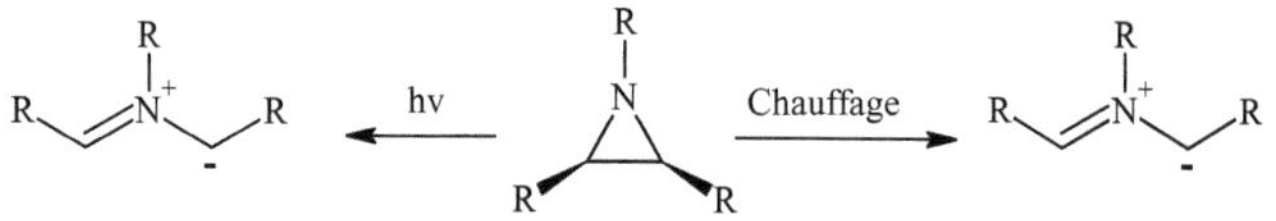

Schéma III.24

Dans notre cas, l'attaque de l'isocyanate par le carbanion de l'azométhine, formé suite au chauffage de l'aziridine **4g** au reflux du toluène, explique convenablement l'obtention d'une imidazolidin-4-one **9f** après cyclisation de l'intermédiaire formé (Schéma III.25).

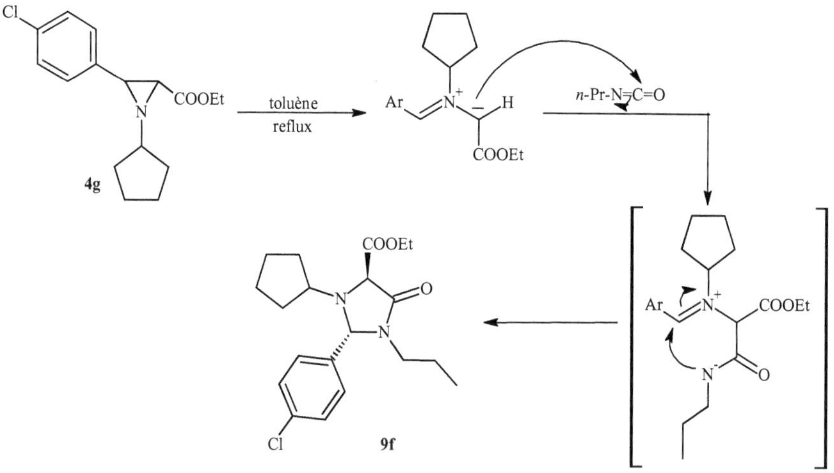

Schéma III.25

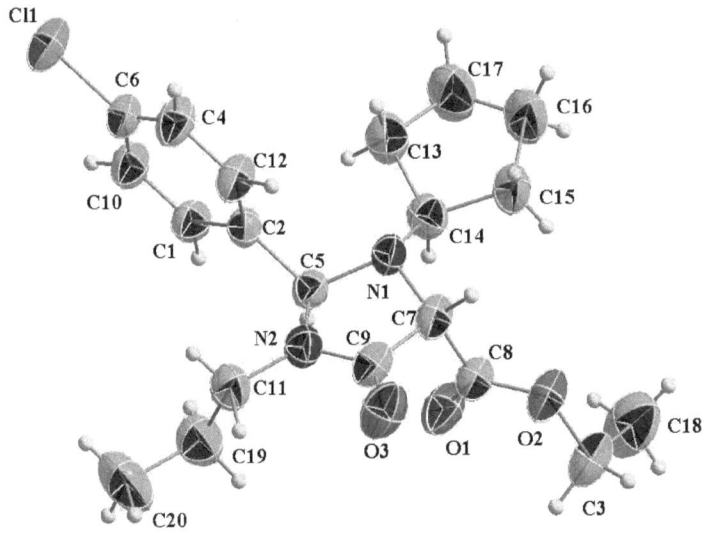

*Figure III.4 : Structure du composé **9f** déterminée par Rayons X*

La réaction a été généralisée sur la série des aziridine-2-carboxylates **4** (Schéma III.26). Les différentes imidazolidin-2-ones **7** et **8** synthétisées, sont regroupées dans le tableau III.1.

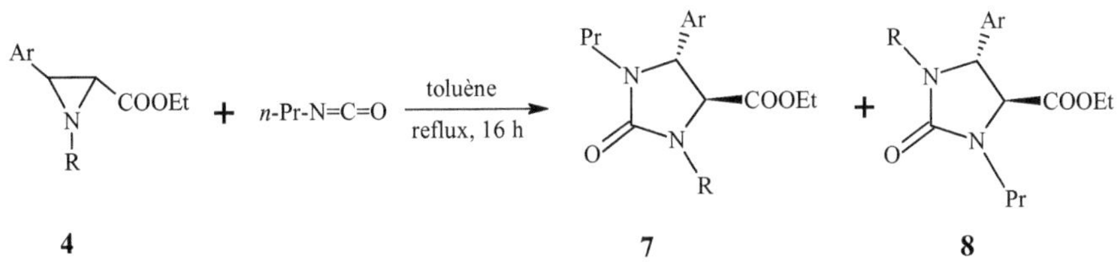

Schéma III.26

Tableau III.1 : Synthèse des imidazolidin-2-ones 7 et 8.

Entrée	R	Ar	Produit : 7 Rdt (%)	Produit : 8 Rdt (%)
1	i-C_3H_7	Ph	95	-
2	c-C_5H_9	Ph	94	-
4	c-C_6H_{11}	Ph	86	-
5	c-C_8H_{15}	Ph	84	-
6	i-C_3H_7	p-ClC_6H_4	64	16
7	c-C_5H_9	p-ClC_6H_4	70	traces

Les résultats rapportés dans le **tableau III.1** montrent que les différentes imidazolidin-2-ones **7** sont obtenues avec des rendements excellents. Cependant, lorsque le groupe phényle de l'aziridine-2-carboxylate **4e** est substitué par un atome de chlore, le produit attendu **7e** est obtenu avec un rendement modéré en raison de la formation d'une faible quantité de l'imidazolidine-2-one régioisomère **8e**. Alors que dans le cas de **7f**, une quantité infime de l'imidazolidine-2-one régioisomère **8f** a été détectée, mais pas isolée.

Après avoir étudié la réaction de cycloaddition de l'aziridine-2-carboxylate **4** avec un isocyanate portant un groupe n-propyle, nous avons examiné dans la deuxième partie de ce chapitre l'effet du changement de ce groupe par des groupes aromatiques. En effet, lorsque la réaction a été effectuée en présence de 1,2 équivalents du phénylisocyanate, dans les mêmes conditions de la réaction précédente, la N-isopropylaziridine-2-carboxylate **4a** a été convertie en une *trans*-oxazolidin-2-imine **10a** avec un bon rendement. L'obtention de ce produit peut être expliquée comme suit :

L'attaque de l'aziridine sur le carbone électrophile de l'isocyanate a donné naissance à un intermédiaire zwittérionique cyclique qui a évolué vers un intermédiaire zwittérionique linéaire. Ce dernier a subi, dans ce cas, une attaque nucléophile intramoléculaire par l'ion oxygène O⁻, exclusivement sur le carbone benzylique (C3). Ce résultat peut être expliqué par l'engagement de l'atome d'azote de l'isocyanate dans une conjugaison avec le phényle ce qui a favorisé la cyclisation par l'anion O⁻ intermédiaire, d'où la formation d'une oxazolidin-2-imine.

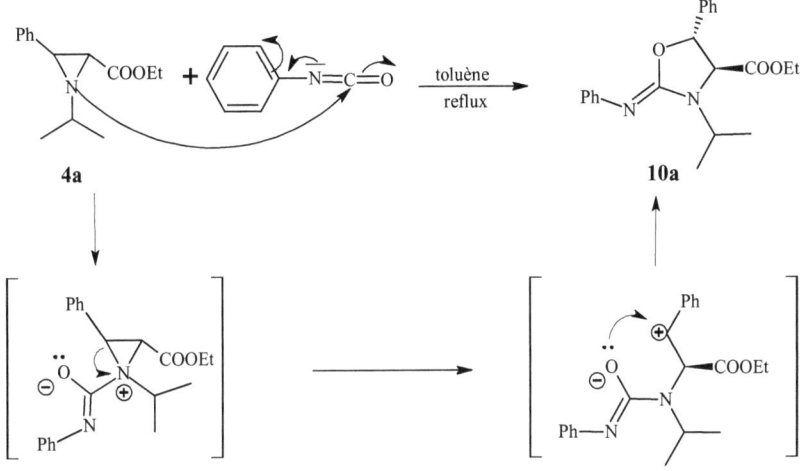

Schéma III.27

Une étude spectroscopique assez détaillée de l'oxazolidin-2-imine **10a** nous a permis de faire les interprétations suivantes :

✓ Sur le spectre infrarouge du composé **10a** nous avons pu identifier la présence du groupe imidoyle par l'observation d'une bande de vibration intense vers 1680 cm⁻¹.
✓ Sur le spectre RMN du ¹³C nous avons observé un signal vers 150 ppm relatif au carbone de la fonction imidoyle (Figure III.5).

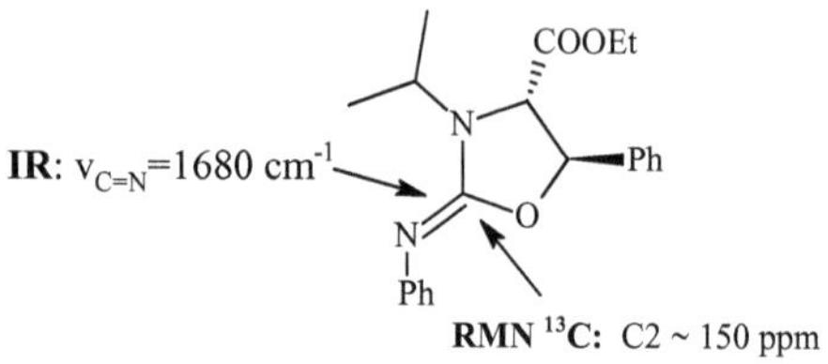

IR: $\nu_{C=N}=1680$ cm^{-1}

RMN ^{13}C: C2 ~ 150 ppm

Composé 10a

Figure III.5

✓ Les deux protons vicinaux H-4 et H-5 montrent une constante de couplage de l'ordre de 3,3 Hz, ce qui prouve que l'oxazolidin-2-imine **10a** est de configuration *trans*. Ce résultat est en accord avec la bibliographie[54] (Figure III.6).

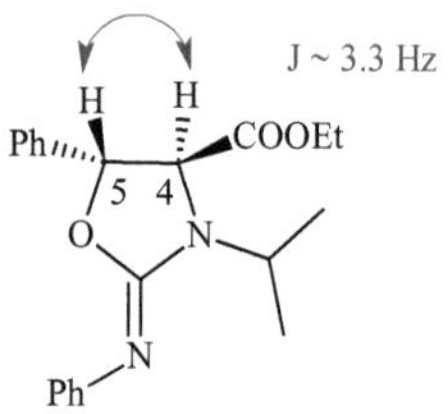

J ~ 3.3 Hz

Composé 10a

Figure III.6

✓ Sur le spectre HMBC du composé **10a** nous n'avons observé aucune tache de corrélation entre les protons vicinaux H-4, H-5 et le carbone quaternaire du groupe phényle porté par la fonction imidoyle. Par contre, nous avons détecté une tache de corrélation entre le proton de C*H* de l'isopropyle et le carbone C4. Ceci convient avec la structure d'une oxazolidin-2-imine et confirme par la même occasion l'attaque exclusive de O⁻ sur le carbone benzylique (Figure III.7).

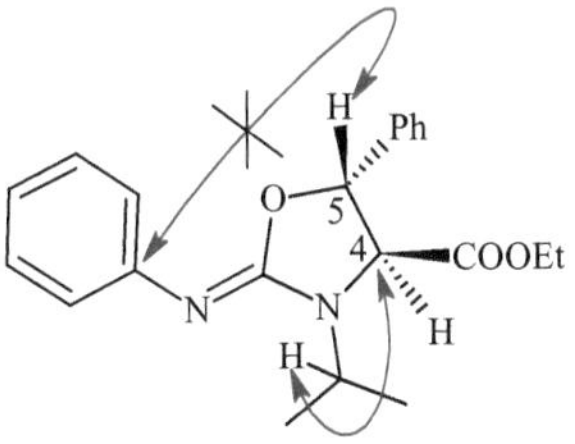

Composé 10a

Figure III.7

La réaction a été généralisée sur la série des aziridine-2-carboxylates **4(a-d)** (Schéma III.28) et les différentes oxazolidin-2-imines **10(a-d)** synthétisées, ont été regroupées dans le tableau III.2.

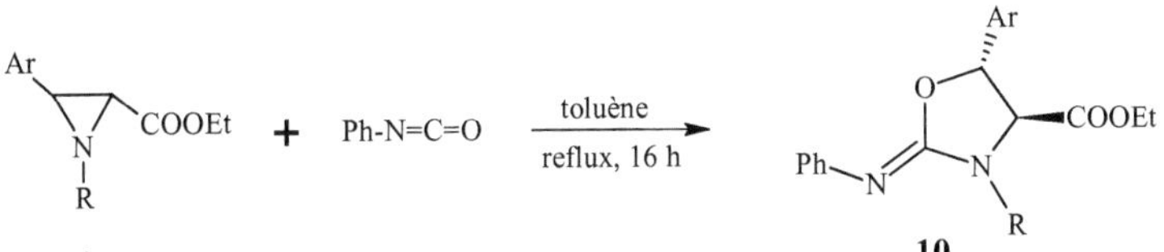

Schéma III.28

Tableau III.2 : Synthèse des oxazolidin-2-imines 10 (a-d)

Entrée	Produit	R	Ar	Rdt (%)
1	10a	i-C_3H_7	Ph	80
2	10b	c-C_5H_9	Ph	77
3	10c	c-C_8H_{15}	Ph	75
4	10d	i-C_3H_7	p-ClC_6H_4	70

Comme le montre le tableau III.2, une conversion hautement stéréosélective des *trans*-aziridine-2-carboxylates **4(a-d)** en *trans*-oxazolidin-2-imines **10(a-d)** a été observée. En outre, lorsque le groupe aryle de l'aziridine-2-carboxylate est substitué par un atome de chlore, nous avons observé la formation exclusive de l'oxazolidin-2-imine **10d**. Aucune trace d'un régioisomère issu de l'attaque sur le carbone C2 n'a été détectée.

D'autre part, lorsque le groupe phényle de l'isocyanate est substitué par un atome de chlore en position para, la réaction a conduit, exclusivement à une imidazolidin-2-ones **7g** avec un rendement égale à 85%. Ce résultat peut être expliqué par la présence de l'atome de chlore sur le groupe phényle qui a atténué la conjugaison de l'atome d'azote avec ce dernier et facilitant ainsi la cyclisation intramoléculaire de l'intermédiaire formé suite à une attaque par l'atome d'azote (Schéma III.29).

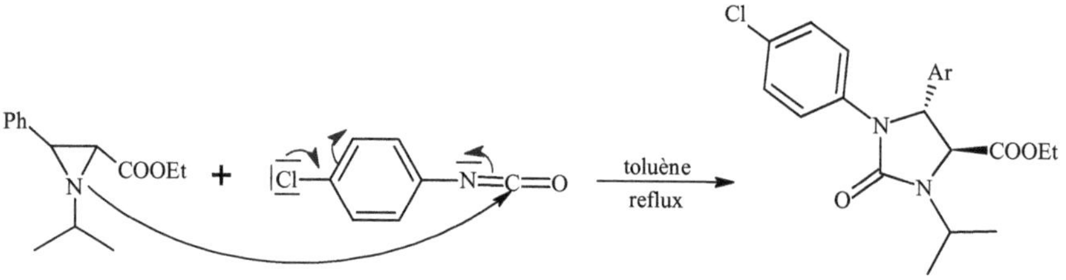

Schéma III.29

III.5. Conclusion

Dans ce chapitre, nous avons mis au point une synthèse simple et efficace de deux nouvelles séries d'imidazolidin-2-ones et d'oxazolidin-2-imines par l'action d'isocyanates N-substitués sur les aziridine-2-carboxylates. Dans les synthèses rapportées dans la littérature, les auteurs utilisent généralement des catalyseurs afin d'orienter la réaction vers la formation de l'un ou l'autre de ces deux composés hétérocycliques. Dans notre cas, nous avons montré que la nature du substituant porté par les isocyanates N-substitués peut influencer le résultat final et conduire sélectivement aux imidazolidin-2-ones ou aux oxazolidin-2-imines. En effet, l'intermédiaire formé au cours de la réaction subit une cyclisation intramoléculaire par l'atome d'oxygène ou par l'atome d'azote.

III.6. Partie expérimentale

III.6.1. Préparation des imidazolidin-2-ones 7, 8

Procédure générale

Dans un ballon bicol muni d'un réfrigérant, on mélange l'aziridine-2-carboxylate **4** (0,5 g) avec 1,2 équivalents du isocyanate N-substitué dans 10 mL de toluène. La solution obtenue est portée au reflux pendant 16 heures. A la fin de la réaction, le solvant est évaporé et le produit est purifié sur colonne de gel de silice en utilisant comme éluant le mélange hexane/acétate d'éthyle (7:3).

4-éthoxycarbonyl-3-isopropyl-5-phényl-1-propylimidazolidin-2-one 7a

Rdt: 95 %

Formule brute: $C_{18}H_{26}N_2O_3$

Masse molaire: 318

IR (cm^{-1}): 1720 (C=O).

RMN ^{1}H (300 MHz CDCl$_3$) δ : h: 0,83 (t, 3H, J = 7,5 Hz); l, k: 0,86; 0,99 (2d, 6H, J = 6,4 Hz); a: 1,34 (t, 3H, J = 7,2 Hz); g: 1,39-1,46 (m, 2H); f: 2,33-2,42 (m, 1H); j: 2,99 (hept, 1H, J = 6,5 Hz); f: 3,43-3,53 (m, 1H); b: 4,18-4,33 (m, 2H); d: 4,48 (d, 1H, J = 2,6 Hz); e: 5,57 (d, 1H, J = 2,6 Hz); m: 7,37 (s, 5H).

RMN ^{13}C (75 MHz CDCl$_3$) δ : h: 11,1; a: 14,1; g: 17,2; k, l: 20,4; 21,5; j: 41,8; f: 50,0; b: 61,6; d: 63,9; e: 78,5; m: 128,5; 128,6; 129,3; (CH arom); 139,7 (C arom), c: 166,2; i: 170,9.

SMHR calculée pour $C_{18}H_{26}N_2O_3Na$ [M+Na]$^+$: 341,1835; trouvée: 341,1847.

3-cyclopentyl-4-éthoxycarbonyl-5-phényl-1-propylimidazolidin-2-one 7b

Rdt: 94 %
Formule brute: $C_{20}H_{28}N_2O_3$
Masse molaire: 344

IR (cm^{-1}): 1724 (C=O).

RMN ^{1}H (300 MHz CDCl$_3$) δ : h: 0,73 (t, 3H, J = 7,4 Hz); a: 1.25 (t, 3H, J = 7,1 Hz); g: 1,33-1,37 (m, 2H); k, l, m, n: 1,19-1,61 (m, 8H); f: 2,30-2,21 (m, 1H); j: 3,01-3,11 (m, 1H); f: 3,34-3,44 (m, 1H); b: 4,12-4,31 (m, 2H); d: 4,40 (d, 1H, J = 2,3 Hz); e: 5,40 (d, 1H, J = 2,3 Hz); o: 7,29 (s, 5H).

RMN ^{13}C (75 MHz CDCl$_3$) δ : h: 11,1; a: 14,1, k, l, m, n: 17,1; 20,4; g: 21,4; j: 41,8; f: 50,0; b: 61,6; d: 63,9; e: 78,5; o: 128,5; 128,6; 129,3 (CH arom); 139,7 (C arom); c: 166,2; i: 170,9.

SMHR calculée pour $C_{20}H_{28}N_2O_3Na$ [M+Na]$^+$: 367,1992; trouvée: 367,1999.

3-cyclohexyl-4-éthoxycarbonyl-5-phényl-1-propylimidazolidin-2-one 7c

Rdt: 86 %
Formule brute: $C_{21}H_{30}N_2O_3$
Masse molaire: 358

IR (cm^{-1}): 1718 (C=O).

RMN ^{1}H (300 MHz CDCl$_3$) δ : h: 0,73 (t, 3H, J = 7,4 Hz); a: 1,25 (t, 3H, J = 7,1 Hz); g, k, l, m, n, o: 0,81-1,78 (m, 12H); j: 2,25-2,32 (m, 1H); f: 2,52-2,58 (m, 1H); f: 3,31-3,43 (m,

1H); b: 4,13-4,27 (m, 2H); d: 4,44 (d, 1H, J = 2,5 Hz); e: 5,53 (d, 1H, J = 2,5 Hz); p: 7,29 (s, 5H).

RMN ^{13}C (75 MHz CDCl$_3$) δ : h: 11,0; a: 14,2; g, k, m, l, n : 20,4; 24,8; 25,2; 25,5; 31,3; o: 32,2; j: 41,5; f: 56,5; b: 61,4; d: 65,9; e: 78,5; p: 128,2; 128,6; 129,2 (CH arom); 139,3 (C arom); c: 167,0; i: 170,3.

SMHR calculée pour C$_{21}$H$_{30}$N$_2$O$_3$Na [M+Na]$^+$: 381,2148; trouvée: 381,2141.

3-cyclooctyl-4-éthoxycarbonyl-5-phényl-1-propylimidazolidin-2-one 7d

Rdt: 84 %

Formule brute: C$_{23}$H$_{34}$N$_2$O$_3$

Masse molaire: 386

IR (cm^{-1}): 1716 (C=O).

RMN ^{1}H (300 MHz CDCl$_3$) δ : h: 0,74 (t, 3H, J = 7,40 Hz); a: 1,24 (t, 3H, J = 7,12 Hz); g, k, l, m, n, o, p, q: 1,03-1,71 (m, 16H); f: 2,25-2,34 (m, 1H); j: 2,75-2,80 (m, 1H); f: 3,36-3,41 (m, 1H); b: 4,06-4,27 (m, 2H); d: 4,42 (d, 1H, J = 2,67 Hz); e: 5,52 (d, 1H, J = 2,67 Hz); r: 7,28 (s, 5H).

RMN ^{13}C (75 MHz CDCl$_3$) δ : h: 13,1; a: 24,4; g, k, l, m, n, o, p, q: 25,5; 26,1; 27,3; 28,1; 31,3; j: 41,5; f: 56,2; b: 61,3; d: 65,4; e: 78,3; r: 128,4; 128,5; 129,2 (CH arom) 138,7 (C arom); c: 167,1; i: 170,5.

SMHR calculée pour C$_{23}$H$_{34}$N$_2$O$_3$Na [M+Na]$^+$: 409,2461; trouvée: 409,2455.

4-éthoxycarbonyl-3-isopropyl-5-p-chlorophényl-1-propylimidazolidin-2-one 7e

Rdt: 64 %

Formule brute: $C_{18}H_{25}ClN_2O_3$

Masse molaire: 352

IR (cm^{-1}): 1715 (C=O).

RMN ^{1}H (300 MHz CDCl$_3$) δ : h: 0,76 (t, 3H, J = 7,3 Hz); l, k: 0,77; 0,92 (2d, 6H, J = 6,3 Hz); a: 1,26 (t, 3H, J = 7,1 Hz); g: 1,24-1,50 (m, 2H); f: 2,32-2,23 (m, 1H); j: 2,93 (hept, 1H, J = 6,4 Hz); f: 3,36-3,46 (m, 1H); b: 4,13-4,26 (m, 2H); d: 4,39 (d, 1H, J = 2,6 Hz); e: 5,48 (d, 1H, J = 2,6 Hz); m: 7,31-7,24 (m, 4H).

RMN ^{13}C (75 MHz CDCl$_3$) δ : h: 10,1; a: 13,1; k, l: 19,4; 19,9; g: 21,1; j: 40,6; f: 46,9; b: 60,6; d: 64,7; e: 77,0; m: 127,9; 128,6 (CH arom); 134,1; 136,8 (C arom); c: 166,0; i: 169,1.

SMHR calculée pour $C_{18}H_{25}N_2O_3Na$ [M+Na]$^+$: 375,1445; trouvée: 375,1421.

4-éthoxycarbonyl-1-isopropyl-5-phényl-3-propylimidazolidin-2-one 8e

Rdt: 16%

Formule brute: $C_{18}H_{25}ClN_2O_3$

Masse molaire: 352

IR (cm^{-1}): 1720 (C=O).

RMN ^{1}H (300 MHz CDCl$_3$) δ : l: 0,71 (t, 3H, J = 7,4 Hz); g, h: 0,86; 0,94 (2d, 6H, J = 6,4 Hz); a: 1,28 (t, 3H, J = 7,1 Hz); k: 1,26-1,31 (m, 2H); j: 2,41-2,50 (m, 1H); f: 2,87 (hept, 1H,

J = 6,5 Hz); j: 3,24-3,30 (m, 1H); d: 4,19 (d, 1H, J = 1,3 Hz); b: 4,20-4,27 (m, 2H); e: 4,98 (d, 1H, J = 1,3 Hz); m: 7,30; 7,31 (2d, 4H, J = 8,4 Hz).

RMN ^{13}C (75 MHz CDCl$_3$) δ : l: 11,1; a: 14,1; k: 17,3; g, h: 20,4; 21,4; j: 41,8; f: 50,1; b: 61,7; d: 63,8; e: 77,7; m: 128,8; 129,9 (CH arom); 135,1; 138,4 (C arom); c: 166,1; i: 170,8.

SMHR calculée pour C$_{18}$H$_{25}$ClN$_2$O$_3$Na [M+Na]$^+$: 375,1445; trouvée: 375,1438.

3-cyclopentyl-4-éthoxycarbonyl-5-p-chlorophényl-1-propylimidazolidin-2-one 7f

Rdt: 70 %

Formule brute: C$_{20}$H$_{27}$N$_2$O$_3$

Masse molaire: 378

IR (cm^{-1}): 1719 (C=O).

RMN ^{1}H (300 MHz CDCl$_3$) δ : h: 0,77 (t, 3H, J = 7,4 Hz); a: 1,27 (t, 3H, J = 7,1 Hz); k, l, m, n, g: 1,24-1,63 (m, 10H); j: 2,19-2,27 (m, 1H); f: 3,03-3,13 (m, 1H); f: 3,37-3,46 (m, 1H); b: 4,13-4,28 (m, 2H); d: 4,39 (d, 1H, J = 2,2 Hz); e: 5,39 (d, 1H, J = 2,2 Hz); o: 7,28 (m, 4H).

RMN ^{13}C (75 MHz CDCl$_3$) δ : h: 11,0; a: 14,2; k, l, m, n, g: 20,4; 22,3; 23,4; 31,6; j: 32,8; f: 41,5; b: 60,2; d: 67,7; e: 80,0; o: 128,7; 129,9 (CH arom); 135,1; 138,0 (C arom) c: 166,9; i: 169,1.

SMHR calculée pour C$_{20}$H$_{27}$N$_2$O$_3$Na [M+Na]$^+$: 401,1602; trouvée: 401,1598.

1-p-chlorophényl-4-éthoxycarbonyl-3isopropyl-5-phénylimidazolidin-2-one 7g

Rdt: 85 %

Formule brute: $C_{21}H_{23}ClN_2O_3$

Masse molaire: 386

RMN ^{1}**H (300 MHz CDCl₃)** δ : j, k: 0,92; 1,02 (2d, 6H, J = 6,6 Hz); a: 1,29 (t, 3H, J = 7,1 Hz); i: 2,98 (hept, 1H, J = 6,6 Hz); b: 4,27 (q, 2H, J = 7,1 Hz); d: 4,36 (d, 1H, J = 1,5 Hz); e: 5,49 (d, 1H, J = 1,5 Hz); f: 7,10; 7,07 (2d, 4H, J = 8,9 Hz); l: 7,18-7,45 (m, 5H).

RMN ^{13}**C (75 MHz CDCl₃)** δ : a: 14,2; j, k: 16,8; 21,5; i: 49,8; b: 62,0; ; d: 63,9; e: 79,9; f, l: 126,4; 128,4; 129,0; 129,24 (CH arom); 132,2; 133,8; 139,1 (C arom) c: 166,1; g: 170,6.

III.6.2. Préparation des oxazolidin-2-imines 10 a-d

Procédure générale : Dans un ballon bicol muni d'un réfrigérant, on mélange l'aziridine-2-carboxylate **4** (0,5 g) avec 1,2 équivalents du N-phénylisocyanate dans 10 mL de toluène. La solution obtenue est portée au reflux pendant 16 heures. A la fin de la réaction, le solvant est évaporé et le produit est purifié sur une colonne de gel de silice en utilisant comme éluant le mélange hexane/acétate d'éthyle (9:1).

4-éthoxycarbonyl-3-isopropyl-5-phényloxazolidin-2-phénylimine 10a

Rdt: 80 %

Formule brute: $C_{21}H_{24}N_2O_3$

Masse molaire: 352

IR (cm⁻¹): 1592 (C=N).

RMN ¹H (300 MHz CDCl₃) δ : h, i: 1,20; 1,22 (2d, 6H, J = 7,0 Hz); a: 1,35 (t, 3H, J = 7,1 Hz); d: 4,15 (d, 1H, J = 3,8 Hz); b, g: 4,28-4,34 (m, 3H); e: 5,39 (d, 1H, J = 3,8 Hz); j, m: 6,93-7,39 (m, 10H).

RMN ¹³C (75 MHz CDCl₃) δ : a: 14,1; h, i: 19,3; 20,3; g: 46,4; b: 62,0; d: 63,4; e: 80,2; j, m: 122,15; 123,5; 125,0; 128,5; 129,0 (CH arom); 138,8; 147,5; (C arom); f: 151,3; c: 171,6.

SMHR calculée pour $C_{21}H_{25}N_2O_3Na$ [M+H]⁺: 353,1859; trouvée: 353,1857.

3-cyclopentyl-4-éthoxycarbonyl-5-phényloxazolidin-2-phénylimine 10b

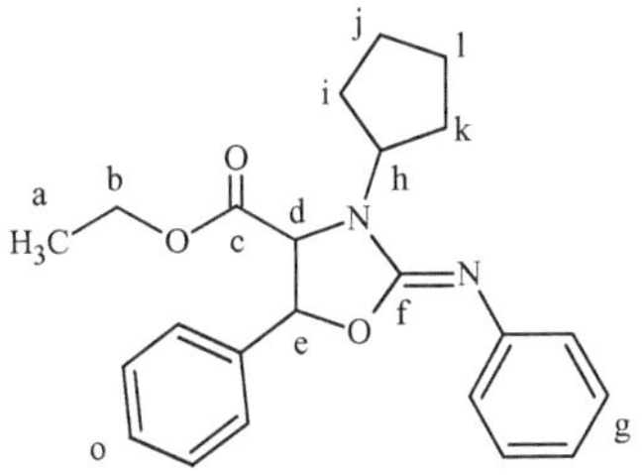

Rdt: 77 %

Formule brute: $C_{23}H_{26}N_2O_3$

Masse molaire: 378

IR (cm⁻¹): 1593 (C=N).

RMN ¹H (300 MHz CDCl₃) δ : a: 1,35 (t, 3H, J = 6,6 Hz); i, j, k, l: 2,06-1,42 (m, 8H); d: 4,17 (d, 1H, J = 3,3 Hz); b, h: 4,21-4,43 (m, 3H); e: 5,39 (d, 1H, J = 3,3 Hz); g, o: 7,11-7,40 (m, 10H).

RMN ¹³C (75 MHz CDCl₃) δ : a: 13,1; i, j, k, l: 21,8; 22,3; 27,8; 28,7; h: 55,2; b: 61,1; d: 63,4; e: 79,1; g, o: 121,2; 122,5; 124,0; 127,5; 127,9 (CH arom); 137,9; 146,5 (C arom); f: 150,6; c: 170,5.

SMHR calculée pour $C_{23}H_{26}N_2O_3Na$ [M+Na]⁺: 401,1835; trouvée: 401,1839.

3-cyclooctyl-4-éthoxycarbonyl-5-phényloxazolidin-2-phénylimine 10c

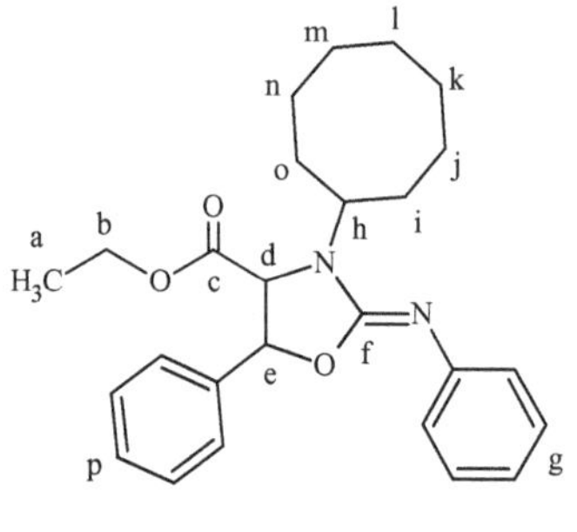

Rdt: 75 %

Formule brute: $C_{26}H_{32}N_2O_3$

Masse molaire: 420

IR (cm^{-1}): 1593 (C=N).

RMN ^{1}H (300 MHz CDCl$_3$) δ : a: 1,26 (t, 3H, J = 7,1 Hz); i, j, k, l, m, n, o: 1,47-1,93 (m, 14H); d: 4,10 (d, 1H, J = 4,0 Hz); h: 4,13-4,15 (m, 1H); b: 4,24 (q, 2H, J = 7,1 Hz); e: 5,31 (d, 1H, J = 4,0 Hz); g, p: 7,05-7,30 (m, 10H).

RMN ^{13}C (75 MHz CDCl$_3$) δ : a: 13,1; i, j, k, l, o: 23,7; 24,7; 25,6; 25,8; 29,7; 29,9; h: 54,3; b: 61,0; d: 63,6; e: 79,2; g, p: 122,6; 124,0; 127,5; 128,0 (CH arom); 138,0; 146,6 (C arom); f: 150,1; c: 170,6.

SMHR calculée pour $C_{26}H_{32}N_2O_3H$ [M+H]$^+$: 421,2485; trouvée: 421,2498.

5-p-chlorophényl-4-éthoxycarbonyl-3-isopropyloxazolidin-2-phénylimine 10d

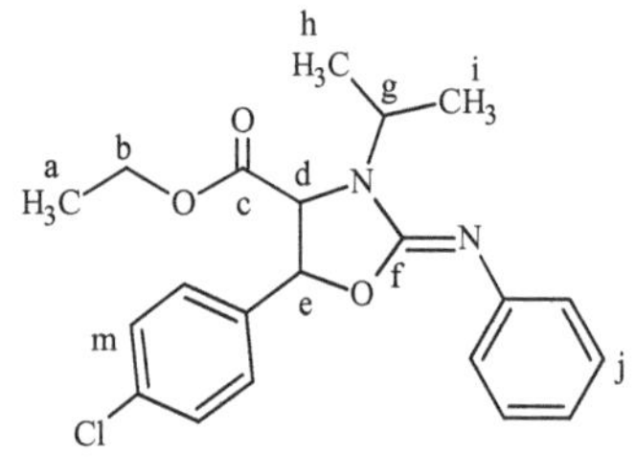

Rdt: 70 %

Formule brute: $C_{21}H_{23}N_2O_3$

Masse molaire: 386

IR (cm⁻¹): 1592 (C=N).

RMN ¹H (300 MHz CDCl₃) δ **:** h, i: 1,14; 1,17 (2d, 6H, J = 6,9 Hz); a: 1,28 (t, 3H, J = 7,1 Hz); d: 4,04 (d, 1H, J = 4,0 Hz); b: 4,24 (q, 2H, J = 7,1 Hz); g: 4,28-4,34 (m, 1H); e: 5,30 (d, 1H, J = 4,0 Hz); j, m: 7,03-7,30 (m, 9H).

RMN ¹³C (75 MHz CDCl₃) δ **:** a: 13,0; h, i: 18,3; 19,2; g: 45,5; b: 61,2; d: 62,4; e: 78,5; j, m: 121,3; 122,5; 125,5; 127,5; 128,2; 133,9 (CH arom); 136,3; 146,1 (C arom); f: 149,9; c: 170,3.

SMHR calculée pour $C_{21}H_{24}ClN_2O_3$ [M+H]⁺ : 387,1469; trouvée: 387,1473.

RÉFÉRENCES BIBLIOGRAPHIQUES

1   Righi, G.; D'Achille H., *Tetrahedron Lett.,* **1996**, 37, 6893.
2   (a) Church, N. J.; Young, D. W., *Tetrahedron Lett.,* **1995**, 36, 151. (b) Lim Y.; Lee W. K., *Tetrahedron Lett.,* **1995**, 36, 8431.
3   (a) Tanner, D.; Somfai, P., *Tetrahedron,* **1988**, 44, 619. (b) Tanner, D.; Somfai, P., *Tetrahedron Lett.,* **1987**, 28, 1211. (c) Xiong, C. ; Wang W.; Cai, C. ; Hruby, V. J., *J. Org. Chem.,* **2002**, 67, 1399. (d) Dubois, L.; Dodd R. H., *Tetrahedron,* **1993**, 49, 901.
4   Tabarki, M. A.; Besbes, R., *Tetrahedron,* **2014**, 70, 1060.
5   Kaabi, A.; Besbes, R., *Synth. Commun.,* **2015**, 45, 111.
6   Kravchenko, A.N.; Kadrokina, G.K.; Sigachev, A.S.; Maksareva, E.Y.; Lyssenko, K.A.; Belyakov, P.A.; Lebedev, O.V.; Kharybin, O.N.; Makhova, N.N.; Kostyanovsky, R. G., *Mendeleev Comm.,* **2003**, 13, 114.
7   Bon, R. S.; Sprenkels, N. E.; Koningstein, M. M.; Schmitz, R. F.; de Kanter, F. J. J.; Domling, A.; Groen, M. B.; Orru, R. V. A., *Org. Biomol. Chem.,* **2008**, 6, 130.
8   Thanigaimalai, P.; Lee, K-C.; Bang, S-C.; Lee, J. H.; Yun, C. Y.; Roh, E.; Hwang, B. Y.; Kim, Y.; Jung, S. H., *Bioorg. Med. Chem.,* **2010**, 18, 1135.
9   Kim, J. M.; Wilson, T. E.; Norman, T. E; Schultz, P. G. *Tetrahedron Lett.,* **1996**, 37, 5309.
10 Ellis, K. K.; Wilke, B.; Zhang, Y.; Diver, S. T., *Org. Lett.,* **2000**, 2, 3785.
11 Abdel-Aziz, A. A. M.; Okuno, J.; Tanaka, S.; Ishizuka, T.; Matsunaga, H.; Kunieda, T., *Tetrahedron Lett.,* **2000**, 41, 8533.
12 Knolker, H. J.; Braxmeler, T., *Tetrahedron Lett.,* **1998**, 39, 9407.
13 Roos, G. H. P.; Balasubramaniam, S., *Tetrahedron: Asymmetry.* **1998**, 9, 923.
14 Kim, T. H.; Lee, G. J., *J. Org. Chem.,* **1999**, 64, 2941.
15 (a) Guillena, G.; Najera, C. *J. Org. Chem.* **2000**, 65, 7310. (b) Cardillo, G.; Orena, M.; Sandri, S.; Tomasini, C., *Tetrahedron,* **1991**, 47, 2263.
16 Trost, B. M.; Fandrick, D. R., *J. Am. Chem. Soc.,* **2003**, 125, 11836.
17 Rahil, J.; You, S.; Kluger., *J. Am. Chem. Soc.,* **1996**, 118, 12495.
18 Gao, D.; Pan, Y. K., *J. Org. Chem.,* **1999**, 64, 1151.
19 Chang, C-S.; Lin, Y. T.; Shih, S. R.; Lee, C. C.; Lee, Y. C.; Tai, C. L.; Tseng, S. N.; Chern, J. H., *J. Med. Chem.,* **2005**, 48, 3522.
20 Lee, C. W.; Hong, D. H.; Han, S. B.; Jung, S. H.; Kim, H. C.; Fine, R. L.; Lee, S. H.; Kim, H. M., *Biochem. Pharmacol.,* **2002**, 64, 473.

21 Lee, K. C.; Venkateswararao, E.; Sharma, V. K.; Jung, S. H., *Eur. J. Med. Chem.*, **2014**, 80, 439.

22 Papiernik, S.K.; Koskinen, W .C.; Cox, L.; Rice, P. J.; Clay, S. A.; Werdin-Pfisterer, N. R.; Norberg, K. A., *J. Agric. Food Chem.*, **2006**, 54, 8163.

23 Blass, B. E.; Fensome, A.; Trybulski, E.; Magolda, R., Gardell, S. J.; Liu, K.; Samuel, M.; Feingold, I.; Huselton, C.; Jackson, C. M.; Djandjighian, L.; Ho, D.; Hennan, J.; Janusz, J. M., *J. Med. Chem.*, **2009**, 52, 6531.

24 Saccomano, N. A.; Vinick, F. B.; Koe, K.; Nielsen, J. A.; Whalen, W. M.; Meltz, M.; Phillips, D.; Thadieo, P. F.; Jung, S.; Chapin, D. S.; Lebel, L. A.; Russo, L. L.; Helweg, D. A.; Johnson, J. L.; Ives, J. J. L.; Williams, I. H., *J. Med. Chem.*, **1999**, 34, 291.

25 Abdel-Aziz, A. A. M.; El-Azab, A. S.; El-Subbagh, H. I.; Al-Obaid, A. M.; Alanazi, A. M.; Al-Omar, M. A., *Bioorg. Med. Chem. Lett.*, **2012**, 22, 2008.

26 Rotstein, D. M.; Gabriel, S. D.; Manser, N.; Filonova, L.; Padilla, F.; Sankuratri, S.; Ji C.; deRosier, A.; Dioszegi, M.; Heilek, G.; Jekle, A.; Weller, P.; Berry, P., *Bioorg. Med. Chem. Lett.*, **2010**, 20, 3219.

27 Wang, L.; Zhang, B.; Ji, J.; Li, B.; Yan, J.; Zhang, W.; Wu, Y.; Wang, X., *Eur. J. Chem.*, **2009**, 44, 3318.

28 Poos, G. I. ; Carson, J. R.; Rosenau, J. R.; Roszkouski, A. P.; Kelly, N. M.; McGrowin, J. *J. Med. Chem.*, **1963**, 5, 266.

29 Shankaran, K.; Donnelly, K. L.; Shah, S. K.; Guthikonda, R. N.; MacCross, M.; Humes, J. L.; Pacholok, S. G.; Grant, S. K.; Kelly, T. M.; Wong, K. K., *Bioorg. Med. Chem. Lett.*, **2004**, 14, 4539.

30 Hirashima, A.; Morimoto, M.; Kuwano, E.; Eto, M., *Bioorg. Med. Chem.*, **2003**, 11, 3753.

31 Castilla, J.; Risquez, R.; Cruz, D.; Higaki, K.; Nanba, E.; Ohno, K.; Suzuki, Y.; Diaz, Y.; Mellet, C. O.; Fernandez, J. M. G.; Castillon, S., *J. Med. Chem.*, **2012**, 55, 6857.

32 Istuk, Z. M.; Cikos, A.; Gembarovski, D.; Lazarevski, G.; Dilovic, I.; Matkovic-Calogovic, D.; Kragol, G., *Bioorg. Med. Chem.*, **2011**, 19, 556.

33 Nirschl, A. A.; Zou, Y.; Krystek, S. R.; Sutton, J. C.; Simpkins, L. M.; Lupisella, J. C.; Kuhns, J. E.; Seethala, R.; Golla, R.; Sleph, P. G.; Beehler, B. C.; Grover, G. J.; Egan, D.; Fura, A.; Vyas, V. P.; Li, Y-X.; Sack, J. S.; Kish, K. F.; An, Y.; Bryson, J. A.; Gougoutas, J. Z.; DiMarco, J.; Zahler, R.; Ostrowski, J.; Hamann, L. G., *J. Med. Chem.*, **2009**, 52, 2794.

34 Adams, H.; Anderson, J. C.; Peace, S.; Pennell, A. M. K., *J. Org. Chem.*, **1998**, 63, 9932.

35 Guirado, A.; Andreu, R.; Martiz, B.; Bautista, D.; de Arellano, C. R.; Jones, P. G., *Tetrahedron,* **2006**, 62, 6172.

36 Saczewski, F.; Bulakowska, A.; Gdaniec, M. J., *Heterocycl. Chem.,* **2002**, 39, 911.

37 Ciclosi, M.; Fava, C.; Galeazzi, R.; Orena, M.; Gonzalez-Rosende, M. E.; Sepulveda-Arques, J., *Tetrahedron: Asymmetry*, **2004**, 15, 1937.

38 Shibata, I.; Baba, A.; Iwasaki, H.; Matsuda, H., *J. Org. Chem*, **1986**, 51, 2177.

39 Larksarp, C.; Alper, H., *J. Org. Chem.*, **1998**, 63, 6229.

40 Castilla, J.; Marin, I.; Matheu, M. I.; Diaz, Y.; Castillon, S., *J. Org. Chem.*, **2010**, 75, 514.

41 Ueda, S.; Terauchi, H.; Yano, A.; Ido, M.; Matsumoto, M.; Kawasaki, M., *Bioorg. Med. Chem. Lett.,* **2004**, 14, 313.

42 Cruz, A.; Padilla-Martinez, I. I.; Garcia-Baez, E. V.; Contreras, R., *Tetrahedron: Asymmetry.* **2007**, 18, 123.

43 Heinelt, U.; Schultheis, D.; Jager, S.; Lindenmaier, M.; Pollex, A.; Beckmann, H. S. G, *Tetrehedron*, **2004**, 60, 9883.

44 Pereshivko, O. P.; Peshkov, V. A.; Jacobs, J.; Meervelt, L. V.; Van der Eycken, E. V., *Adv. Synth. Catal.*, **2013**, 355, 781.

45 Kim, M. S.; Kim, Y. W.; Hahm, H. S.; Jang, J. W.; Lee, W. K.; Ha, H. J., *Chem. Commun.*, **2005**, 3062.

46 Zhang, K.; Chopade, P. R.; Louie, J., *Terahedron Lett.,* **2008**, 49, 4306.

47 Butler, D. C. D.; Inman, G. A.; Alper, H., *J. Org. Chem.,* **2000**, 65, 5887.

48 Dong, C.; Alper, H., *Tetrahedron: Asymmetry.* **2004**, 15, 1537.

49 Munegumi, T.; Azumaya, I.; Kato, T.; Masu, H.; Saito, S., *Org. Lett.,* **2006**, 8, 379.

50 Kanno, E.; Yamanoi, K.; Koya, S.; Azumaya, I.; Masu, H.; Yamasaki, R.; Saito, S., *J. Org. Chem.,* **2012**, 77, 2142.

51 Cardillo, G.; Gentilucci, L.; Gianotti, M.; Tolomelli, A., *Tetrahedron,* **2001**, 57, 2807.

52 Pearson, W. H.; Lindbeck, A. C.; Kampf, J. W., *J. Am. Chem. Soc.,* **1993**, 115, 2622.

53 Gomes, P. J. S.; Nunes, C. M.; Pais, A. A. C. C.; Melo, T. M. V. D. P.; Arnaut, L. G., *Tetrahedron Lett.,* **2006**, 47, 5475.

54 Cruz, A.; Padilla-Martinez, I. I.; Garcia-Baez, E. V.; Contreras, R., *Tetrahedron: Asymmetry.* **2007**, 18, 1

Conclusion générale

Ce travail de thèse constitue une contribution supplémentaire aux travaux effectués ces dernières années dans notre laboratoire et qui sont axés sur l'étude de la réactivité des β-arylglycidates d'éthyle et des aziridine-2-carboxylates d'éthyle. En exploitant les potentialités synthétiques que possèdent ces hétérocycles oxygénés et azotés, nous avons mis au point de nouvelles voies de synthèse permettant d'accéder à des composés cycliques faisant partie de diverses familles de molécules hétérocycliques ayant des propriétés biologiques intéressantes. Ces travaux ont permis de développer des voies de synthèses directes et efficaces caractérisées par des réactions hautement régio- chimio- et stéréosélectives.

Dans le premier chapitre de ce travail, nous avons synthétisé une série de 4-hydroxyisoxazolidin-5-ones via une réaction d'ouverture des β-arylglycidates d'éthyle par des N-alkylhydroxylamines.

$$\text{Ar-}\underset{O}{\triangle}\text{-COOEt} + \text{RNHOH} \xrightarrow[\text{reflux}]{\text{tBuOH}} \text{R-N(Ar)(OH)-O-C(=O)}$$

Dans le deuxième chapitre, nous avons étudié la réactivité des β-arylglycidates d'éthyle et des aziridine-2-carboxylates d'éthyle vis-à-vis des anions des N-alkylhydroxylamines. Ces réactions nous ont permis de montrer que ces deux hétérocycles possèdent des réactivités similaires vis-à-vis de ces binucléophiles en fournissant des 4-hydroxy- et des 4-alkylaminoisoxazolidin-3-ones.

$$\text{Ar-}\underset{O}{\triangle}\text{-COOEt} + \text{RNHOK} \xrightarrow[\text{25°C}]{\text{tBuOH}} \text{isoxazolidin-3-one (OH, Ar)}$$

$$\text{Ar-}\underset{N-R}{\triangle}\text{-COOEt} + \text{R}^1\text{NHOK} \xrightarrow[\text{25°C}]{\text{tBuOH}} \text{isoxazolidin-3-one (NHR, Ar)}$$

Dans le troisième chapitre, la réaction de cycloaddition des aziridine-2-carboxylates d'éthyle avec des isocyanates N-substitués a conduit à la formation d'imidazolidin-2-ones ou d'oxazolidin-2-imines, selon un mécanisme de type S_N1, faisant intervenir un intermédiaire zwittérionique cyclique. Ce dernier évolue vers un autre intermédiaire zwittérionique linéaire et se cyclise pour conduire au composé hétérocyclique correspondant. Nous avons démontré que l'obtention de l'un ou de l'autre des deux hétérocycles, dépend de la nature du substituant porté par l'atome d'azote de l'isocyanate utilisé dans la réaction.

Oui, je veux morebooks!

I want morebooks!

Buy your books fast and straightforward online - at one of the world's fastest growing online book stores! Environmentally sound due to Print-on-Demand technologies.

Buy your books online at
www.get-morebooks.com

Achetez vos livres en ligne, vite et bien, sur l'une des librairies en ligne les plus performantes au monde!
En protégeant nos ressources et notre environnement grâce à l'impression à la demande.

La librairie en ligne pour acheter plus vite
www.morebooks.fr

SIA OmniScriptum Publishing
Brivibas gatve 197
LV-103 9 Riga, Latvia
Telefax: +371 68620455

info@omniscriptum.com
www.omniscriptum.com

Printed by Books on Demand GmbH, Norderstedt / Germany